嵌入式技术与应用丛书

STM32G4 入门与电机控制实战

基于 X-CUBE-MCSDK 的无刷直流电机与永磁同步电机控制实现

许少伦　齐文娟　徐青菁　编著

U0178378

电子工业出版社

Publishing House of Electronics Industry

北京·BEIJING

内 容 简 介

本书基于 STM32G4 电机控制开发套件，围绕 STM32G4 入门与电机控制实战进行了系统的介绍。
STM32G4 入门部分从基础认识和操作入手，介绍 STM32G4 系列微控制器及生态资源、P-NUCLEO-
IHM03 电机控制套件、软件生态系统及开发工具的使用，给出了基于 NUCLEO-G431RB 开发板的基础
实验例程；电机控制部分详细介绍了无刷直流电机和永磁同步电机控制技术，涵盖电机系统结构、数学
模型、控制原理及电机参数测量等关键内容；在此基础上还提供了基于 P-NUCLEO-IHM03 套件的电机
入门级控制实例及包括无刷直流电机有感方波控制与永磁同步电机有感 FOC 控制的电机进阶控制案例。

本书配备所有实验例程的工程文件，读者扫描书中二维码可获取相关内容。

本书可作为理工科院校相关专业本科生、研究生的实践教材，也可作为电机控制领域相关工程技术人
员、科研人员的参考资料。

图书在版编目（CIP）数据

STM32G4 入门与电机控制实战：基于 X-CUBE-MCSDK 的无刷直流电机与永磁同步电机控制实现 ／ 许少
伦等编著. —北京：电子工业出版社，2023.11

（嵌入式技术与应用丛书）

ISBN 978-7-121-46652-6

Ⅰ. ①S… Ⅱ. ①许… Ⅲ. ①微控制器②电机—控制系统 Ⅳ. ①TP368.1②TM301.2

中国国家版本馆 CIP 数据核字（2023）第 217245 号

责任编辑：钱维扬

印　　　刷：北京虎彩文化传播有限公司
装　　　订：北京虎彩文化传播有限公司
出版发行：电子工业出版社
　　　　　北京市海淀区万寿路 173 信箱　　　　邮编：100036
开　　本：787×1092　　1/16　　印张：14.25　　字数：329 千字
版　　次：2023 年 11 月第 1 版
印　　次：2025 年 2 月第 5 次印刷
定　　价：68.00 元

前　言

电机是将电能转化为机械能的设备，被广泛应用于国防、航空航天、汽车、工农业生产和日常生活等各个领域。电机控制技术是一项传统而又不断革新的技术。随着现代电子技术的进步，电机控制综合算法、计算机、新材料等多种学科，呈现出多元化增长趋势，且逐步向智能化方向发展。

STM32G4 高性能微控制器是意法半导体有限公司独特打造的新一代数模混合微控制器，是STM32F3 的升级版。与 STM32F3 系列相比，STM32G4 在性能、内置数模外设、功能安全与信息安全，以及完整的产品等 4 个方面都有创新和技术优势。STM32G4 针对电机控制建立了完善的生态系统，提供了完整的硬件、软件、工具、资料等资源，包括矢量控制、方波控制、无传感器控制等先进的电机驱动算法，可以让使用者快速上手，加快应用开发的进度。

本书基于 STM32G4 电机控制开发套件，围绕 STM32G4 入门与电机控制实战两部分内容进行编排，共 8 章。第 1 章对意法半导体有限公司的 STM32G4 系列微控制器和 STM32 生态资源进行介绍。第 2 章对 STM32 的 P-NUCLEO-IHM03 电机控制套件进行阐述，介绍了 NUCLEO-G431RB 开发板、X-NUCLEO-IHM16M1 三相驱动板、三相云台电机 GBM2804H-100T 的规格参数和 DC 电源。第 3 章着重介绍了软件开发环境及开发工具的下载、安装和入门使用。第 4 章基于 NUCLEO-G431RB 开发板介绍了 6 个基础实验例程，帮助读者掌握与电机控制相关的单片机编程实践的基础实验。第 5 章介绍了无刷直流电机控制技术的相关内容，包括无刷直流电机的系统构成、数学模型和控制原理等。第 6 章介绍了永磁同步电机控制技术的相关内容，包括三相 PMSM 的结构和数学模型、SVPWM 控制技术及三相永磁同步电机的矢量控制等内容。第 7 章基于 P-NUCLEO-IHM03 套件介绍了 6 个电机入门控制实例，旨在帮助读者利用 X-CUBE-MCSDK 实现电机的基础控制功能。第 8 章详细介绍了无刷直流电机的有感方波控制案例和永磁同步电机的有感 FOC 控制案例，帮助读者进一步掌握两种电机的有感控制实现方法。

本书可作为电气工程及其自动化专业"电机控制技术""STM32 电机应用控制""运动控制系统综合实验"等课程的实践教材，也可作为其他相关专业教师、研究生及工程技术人员的参考工具书。

本书由许少伦、齐文娟、徐青菁编写，姜睿丞、刘承锐同学进行了基础实验例程的调试和文档编辑工作，居鹏飞、贺荣栋同学完成了电机控制部分案例程序的编写和调试工作。在编写过程中，本书得到了意法半导体（中国）投资有限公司的大力支持，汪韧冬工程师提供了部分素材和宝贵的建议。电子工业出版社的钱维扬编辑提出了诸多宝贵的修改建议。在此向指导帮助本书编写的各位专家致以衷心的感谢。

由于编写时间仓促，加之编者学术水平及实践经验有限，疏漏和不当之处在所难免，敬请读者和同行给予批评指正。联系电子邮箱：slxu@sjtu.edu.cn。

本书附带资源请扫描以下二维码：

编　者

2022 年 11 月

目 录

第 **1** 章

STM32G4 概述

意法半导体（ST）于 1987 年 6 月由意大利的 SGS 微电子公司和法国的 Thomson 半导体公司合并而成，名为 SGS-THOMSON Microelectronics。1998 年 5 月，公司名称改为意法半导体有限公司（简称意法半导体）。意法半导体是世界领先的提供半导体解决方案的公司，致力于为人类如今及未来的生活做出杰出贡献。

意法半导体于 2007 年发布了第一款 STM32 产品，在之后十余年的时间里累计推出多条产品线，产品系列不断完善，STM32 产品平台阵营如图 1-1 所示。其中，STM32G4 高性能微控制器是意法半导体独特打造的新一代数模混合微控制器，其性能优异，适用于电机控制、工业设备、数字电源、高端控制应用等众多领域。

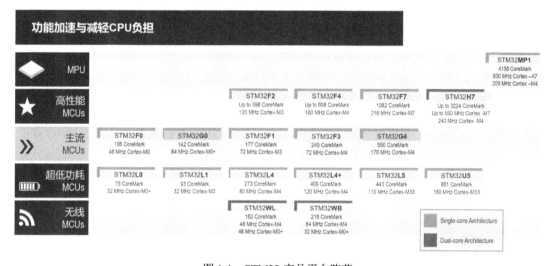

图 1-1　STM32 产品平台阵营

STM32G4 分为三大产品系列：入门型、性能型和高精度 PWM 型，对应的产品分别是 STM32G4x1、STM32G4x3 和 STM32G4x4。为扩大其应用范围，STM32G4 产品目前覆盖 32 引脚～128 引脚，32～512KB Flash，拥有一个完整的平台，且有众多型号可以选择。

1.1　STM32G4 系列的特性

STM32G4 并不是从零开始的新产品线，它是 2012 年发布的 STM32F3 产品线的延续版本，继承了很多 STM32F3 的理念和基因，同时带来更强劲的性能和数模效果。意法半导体在 2012 年发布了首款混合信号微控制器 STM32F3，后续发布了 STM32F343，从而进入原来被 DSP 垄断的数字电源市场。为满足不断升级的市场需求，2019 年意法半导体又推出了性能更强大的 STM32G4。从 STM32F3 到 STM32G4 的迭代和延续如图 1-2 所示。

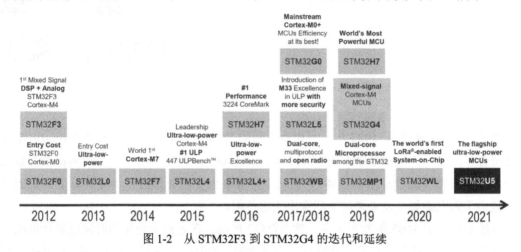

图 1-2　从 STM32F3 到 STM32G4 的迭代和延续

　　STM32G4 是 STM32F3 的升级，并不是完全取代，因为 STM32G4 各方面的配置比 STM32F3 更高级，资源也更丰富。STM32G4 具有 170MHz Cortex-M4 内核，集成浮点运算、单指令乘加单元和坐标旋转数字计算机（Coordinate Rotation Digital Computer，CORDIC），内部集成高速比较器、高速运算放大器（简称运放）、高速 ADC、高速 DAC，支持 CAN FD、在线升级，以及高级加密标准（Advanced Encryption Standard，AES）和信息安全，集成 USB Type-C PD 3.0，同时具备高性能和低功耗特性。STM32G4 在很大程度上填补了 STM32F3 的市场空白。STM32F3 和 STM32G4 的性能对比如图 1-3 所示。

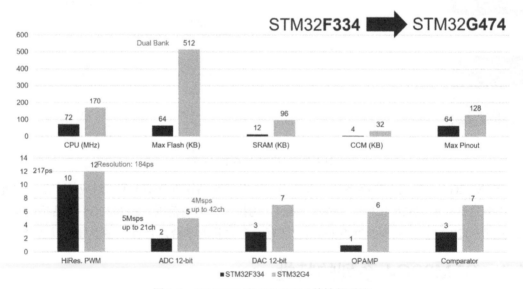

图 1-3　STM32F3 和 STM32G4 的性能对比

　　STM32G4 系列基于 170MHz 的 Cortex-M4 高速内核，具有浮点单元和 DSP 扩展指令集支持功能，其性能测试取得了 213DMIPS 和 550Core-Mark 的成绩。STM32G4 可以有效地帮助用户优化 PCB 设计，其内置多种模拟外设及周边和 MCU 配套的分离器件，在提高集成化的同时缩小 PCB 设计面积，进一步降低系统级的设计成本。与 STM32F3 系列相比，STM32G4 在性能、丰富的内置数模外设、功能安全与信息安全，以及完整的产品目录 4 个方面有创新和技术优势。

1）性能

除了内核 170MHz 高主频，为了提升性能，STM32G4 系列增加了 3 种不同的硬件加速器，包括 ART 加速器（动态缓存），用来实现全部代码加速，帮助用户提高代码综合执行效率；关键程序加速器 CCM-SRAM（静态缓存），用来预配置确定性保障；数学加速器，涉及三角函数和数字滤波器，这对 STM32G4 来说具有革新意义。例如，在电机控制应用中若遇到三角函数计算（矢量旋转、矢量转换、双曲正弦、双曲余弦、反正切、反双曲正切）则会交给数学加速器来处理，这样不仅可以减轻 CPU 的负担，而且可以提高计算效率，可比原来由 CPU 处理的效率提升 5 倍。

2）丰富的内置数模外设

STM32G4 采用集成化设计，拥有丰富的内置数模外设。内部集成了所有模拟分离器件，这种集成化的设计不仅减小了 PCB 尺寸，而且节约了项目开发成本。在 25 个模拟外设中，包括 5 个 400 万次/s 的 12 位 ADC，其具有硬件过采样功能，相较于全部在软件中执行的产品，它可以在很大程度上减轻 CPU 的负担，实现 16 位分辨率；6 个高速、高增益带宽运放；7 个 1500 万次/s 的 12 位 DAC；7 个比较器，传播延迟为 16.7ns。一个 STM32G4 就可以实现双电机三电阻电流采样，双 FOC 控制，无须外加比较器和运放，使电机控制设计更加简洁，BOM 成本更加优化。同时 STM32G4 添加了 CAN-FD 接口，不仅"负载能力"更强，速度更快，而且增加的 3 个 CAN-FD 可以满足更多的 CAN 总线应用的需求。高精度定时器能够生成精度达到 184ps 的 PWM 波形，USB Type-C 控制器及内置的 1%精度的时钟提高了数字电源控制精度。为多种应用场景提供的数模外设如表 1-1 所示。

表 1-1　为多种应用场景提供的数模外设

器 件 名 称	主 要 参 数	值
ADC（5 个）	拓扑	SAR 12 位+硬件过采样→16 位
	采样率	高达 4Msps（15ksps 16 位）
	输入	单端输入与差分输入
	偏移与降噪补偿	自动校准以降低噪声与偏移
DAC（7 个）	采样率	15Msps（内部输出） 1Msps（带缓冲输出）
	稳定时间	16ns
运放（6 个）	带宽	13MHz
	斜率	45V/μs
	偏置	3mV 全温度范围 1.5mV@25℃
	可编程放大倍数（精度）	2,4,8,16,−1,−3,−7,−15(1%) 32,64,−31,−63(2%)

续表

器 件 名 称	主 要 参 数	值
比较器（7 个）	电压范围	1.62～3.6V
	传播延迟	16.7ns
	偏置	−6～2mV
	滞回补偿	8 种：0mV、9mV、18mV、27mV、36mV、45mV、54mV、63mV

3）功能安全与信息安全

STM32G4 产品采用双 Bank Flash 机制，这一创新应用主要考虑到信息的安全性。STM32G4 内部有两个用户 Flash 区域，支持同时在两个不同的 Bank 上加载应用程序，一个 Bank 用来运行程序，另一个 Bank 可以在线升级固件程序。这两个 Flash 区域是一模一样的，并且地址是连续的，两个地址还可以互相切换，用户只需设置一个寄存器就可以实现瞬间切换两个 Bank 的地址，这样可以保证应用软件在线升级的同时不影响系统的正常运行。在这两个 Flash 区域中可以设定一块安全存储区域（在烧写程序前配置，一旦设定不可更改），其大小可根据项目需求配置，在系统退出时可以配置为锁定，使应用程序无法再被读取或调试，该区域不仅适合用于存储关键程序和密钥等敏感信息，而且可以保护固件安全实时升级；编程后调试访问禁用功能可以降低风险；其他安全机制包括先进的 AES-256 加密引擎、唯一设备 ID 码和硬件随机数生成器。

4）完整的产品目录

STM32G4 产品拥有一个完整的平台，包含 10 余种类型的开发板，覆盖从入门到高端的不同需求。STM32G4 产品系列构成如图 1-4 所示。相较于 STM32F3 系列，STM32G4 的封装引脚更加丰富，增加了 80 引脚和 128 引脚的产品，给用户提供了更多的选择。目前 STM32G4 产品线从 32KB 覆盖至 512KB，它的引脚数从 32 引脚覆盖至 128 引脚。在温度方面，STM32G4 有更高温度的认证，它可以在环境温度达到高温 125℃的场景应用。特别是一些对环境温度严苛的场景中，如"硬件板级嵌入式"控制器、编码器、四轮车控制器和在特殊环境工作下的数字电源等。

STM32G4 主流型号的外设资源对比如表 1-2 所示。

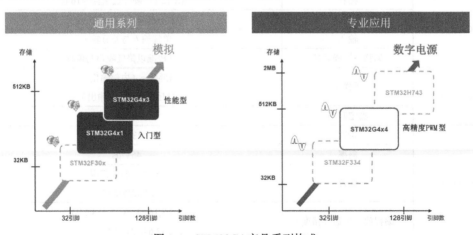

图 1-4 STM32G4 产品系列构成

表 1-2　STM32G4 主流型号的外设资源对比

参　　数	STM32G474 高精度 PWM 型	STM32G473 性能型	STM32G431 入门型
内核，主频	ARM Cortex-M4, 170MHz		
Flash	512KB（2×256KB Dual Bank）		128KB Single Bank
RAM	96KB		22KB
CCM-SRAM	32KB		10KB
12 位 ADC SAR	4×12 位 4Msps		2×12 位 4Msps
比较器	7		4
运放 1%精度	6		3
12 位 DAC	7		4
高级电机控制定时器	3×(170MHz)		2×(170MHz)
CAN-FD	3×		1×
12 通道高精度定时器	1×	—	—
供电范围	1.72～3.6V		

STM32G4 拥有强大的生态系统，其基于 ARM 内核，可帮助用户更好地利用 ARM 强大的生态系统来进行设计。意法半导体还为 STM32G4 配备了 Nucleo 开发板（NUCLEO-G474RE 和 NUCLEO-G431RB）、功能齐全的评估板（STM32G474E-EVAL 和板载加密加速度计的 STM32G484E-EVAL）和 STM32CubeG4 软件包、Nucleo 电机控制专用开发板（P-NUCLEO-IHM03）和软件开发套件（X-CUBE-MCSDK），以及探索套件（B-G474E-DPOW1*和 B-G431B-ESC1*）。其产品系列如图 1-5 所示。

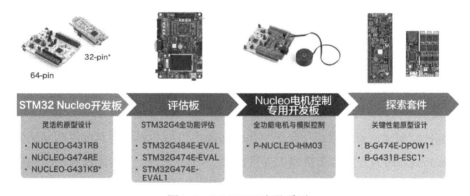

图 1-5　STM32G4 产品系列

1.2　STM32G4 的主要应用

STM32G4 作为一款基于 ARM Cortex-M4 架构的产品，其定位为主流型 MCU，主要针对电机控制、工业设备与测量仪器、高端消费类应用和数字电源等应用场景，通过数模组合的方式来满足用户对兼顾控制逻辑与模拟信号处理的需求。特别是在无线充电、电信电源、电机控制、LED 驱动、电焊机、工业、UPS、功率因数校正、服务器和数据中心、光伏逆变等场景下，STM32G4 得到较多应用，其主要性能配置如表 1-3 所示。

表 1-3　STM32G4 的主要性能配置

性　能　配　置	电机控制（家电、电动自行车、空调）	工业设备与测量仪器	高端消费类应用（可再充电设备、无人机、玩具）	数字电源（服务器、通信电源、EV充电桩与充电站）
高速 CPU 170MHz	●	●		
CORDIC 硬件加速器（三角函数等 10 种函数运算）	●	●		
数字滤波加速器（如 3p3z 补偿器）				●
高级电机控制定时器	●			
高速比较器（17ns）	●			●
4Msps ADC-12 位+硬件过采样	●			●
集成运放或可编程放大器（OPAMP/PGA）	●			
DAC-12 位	●			
1%精度 RC 时钟	●			
耐受 125℃环境温度		●		
支持 CAN-FD		●		
SPI,USART,I²C		●		
高级定时器		●		
RTC 实时时钟，支持备份寄存器		●		
Dual Bank Flash，支持在线升级		●		●
AES 和信息安全		●		
超薄封装，小尺寸			●	
运行模式下低功耗（160µA/MHz）			●	
内置丰富模拟外设			●	●
SAI（音频接口）			●	
USB Type-C Power Delivery 3.0			●	
12 通道高精度定时器（184ps）				●

在电机控制领域，意法半导体除了提供专业的电机驱动库和针对电机驱动的硬件开发套件 NucleoPack，还为开发者免费提供矢量控制、6-step 算法、无传感器算法等先进的电机驱动算法。在数字电源领域，意法半导体除了提供完整的硬件、软件、工具、资料等资源，还专门为高精度定时器量身定做了使用手册，该使用手册详细介绍了高精度定时器针对不同数字电源拓扑结构的使用和配置方法。

1.3　STM32 生态资源

意法半导体建立了完整的生态系统，拥有丰富的生态资源，包括本地化的在线资源、最新资讯发布、互动活动和视频讲座等。

1）网址、公众号、官方邮箱

网址包括 STM32 全球网页、STM32 中文官网、STM32 社区、STM32 21ic 社区、ST 中国大学计划主页、电堂科技官网等；微信公众号包括 ST 微信公众号、AI 电堂微信公众号和小程序；官方邮箱包括 STM32 中文技术支持邮箱、STM32 大学计划联系邮箱。相关链接和二维码等可以通过网络搜索获取。

2）STM32G4 电机控制相关技术文档

打开 STM32 中文官网，在"产品"菜单下选择"STM32 MCU"→"STM32G4"，打开 STM32G4 的产品介绍界面，单击"相关设计文件"选项卡可以查看对应的技术文档。数据手册、参考手册、编程手册、应用笔记、用户手册等相关资源均可进入对应界面进行下载。STM32G4 产品主页如图 1-6 所示。

图 1-6　STM32G4 产品主页

3）STM32G4 电机控制相关视频资源

（1）《STM32G4 系列产品特性以及电机领域应用》。

该课程从对 ST 生态系统的介绍和使用展开，结合当前热门的电机控制领域，把产品特性深入实际应用，点面结合，让读者更熟悉和掌握 STM32G4 优秀的特性，为未来产品的使用打下基础；同时结合 STM32Cube 生态，以及电机 FOC 控制生态，可让读者全方位熟悉使用 ST 打造的完整生态环境，为电机领域的开发带来便利条件。

课程内容如下。

① STM32G4 的特性和市场介绍。

② STM32 工具的介绍与使用。

③ 使用 STM32Cube 工具上手 STM32G4。

④ 内核介绍：ART、CCM SRAM、浮点运算、乘加指令。

⑤ VREFBUF、Timer&ADC 介绍，以及二者在电机应用中的联动机制。

⑥ 特别外设：CORDIC、FMAC、运放、比较器、DAC。

⑦ 结合 STM32CubeMX、MC SDK V5.4 移植 STM32G4 电机矢量控制代码。

⑧ STM32G4 的特别外设应用于电机控制。

课程资源获取方式如下。

打开"电堂科技"官网主页，选择"厂商专区"菜单下的"STM32"命令，在搜索框中输入"STM32G4 系列产品特性以及电机领域应用"并搜索，就可以检索到该课程。进入课程界面并单击"立即订阅"按钮即可进行课程学习。也可以通过扫描本书附带资源中提供的二维码进行观看学习。

（2）《基于 MC SDK V5.4 电机库的 STM32 电机控制理论与实践》。

无刷直流电机（BrushLess Direct Current Motor，BLDCM）和永磁同步电机（Permanent Magnet Synchronous Motor，PMSM）在诸多领域均有着广泛应用。电机的驱动和控制技术作为核心部分直接影响产品性能。随着 MCU 的性能提升，有众多优势的磁场定向控制（Field Oriented Control，FOC）技术已经被广泛应用，其中，ST 已经在 STM32 全系列产品上实现了 FOC 技术。该课程将介绍 FOC 控制理论，以及电机软件库的构成与使用；同时针对实际应用设计了几个实验，指导用户一步步实现真实的电机控制，让用户轻松地上手使用 ST 的电机控制库。

课程内容如下。

① MC SDK 电机控制库的总体概况。

② 电机 FOC 控制原理。

③ 电机控制硬件注意点的介绍。

④ MC SDK V5.4 软件详解及应用调试说明。

⑤ 实验环节。

课程资源获取方式如下。

打开"电堂科技"官网主页，选择"厂商专区"菜单下的"STM32"命令，在搜索框中输入"基于 MC SDK V5.4 电机库的 STM32 电机控制理论与实践"并搜索，就可以检索到该课程。进入课程界面并单击"立即订阅"按钮即可进行课程学习。也可以通过扫描本书附带资源中提供的二维码进行观看学习。

（3）《STM32 电动机控制应用系列讲座》。

该课程通过六大系列主题课程全面介绍 ST 的 MCU 在电机控制领域的应用，使读者深入理解电机控制的基本概念和方法，并学会如何充分利用 ST 提供的产品、硬件评估板及电机控制软件开发包（ST MC SDK）来开发一套电机控制器。

课程内容如下。

① ST MC SDK 5.x 概览。

② 永磁同步电机矢量控制基础。

③　电机相电流检测与重构方法及转子位置检测与估计方法。

④　ST MC SDK 5.2 WB 应用指南及 ST MC SDK 5.2 固件详解。

⑤　应用 ST MC SDK 5.2 及 ST 硬件评估板调试电机实例。

⑥　ST MC SDK 5.2 电机参数测试。

课程资源获取方式如下。

打开"电堂科技"官网主页，选择"厂商专区"菜单下的"STM32"命令，在搜索框中输入"STM32 电动机控制应用系列讲座"并搜索，就可以检索到该课程。进入课程界面并单击"立即订阅"按钮即可进行课程学习。也可以通过扫描本书附带资源中提供的二维码进行观看学习。

（4）《STM32G4 在电机控制及数字电源中的应用》。

课程内容如下。

①　STM32G4 在电机控制中的应用——市场介绍。

②　STM32G4 在电机控制中的应用——技术讲解。

③　STM32G4 在电机控制中的应用——答疑篇。

④　STM32G4 高精度定时器及其在数字电源中的应用——市场篇。

⑤　STM32G4 高精度定时器及其在数字电源中的应用——技术讲解。

⑥　STM32G4 新一代数模混合微控制器——直播回放。

课程资源获取方式如下。

打开"电堂科技"官网主页，选择"厂商专区"菜单下的"STM32"命令，在搜索框中输入"STM32G4 在电机控制及数字电源中的应用"并搜索，就可以检索到该课程。进入课程界面并单击"立即订阅"按钮即可进行课程学习。

第 **2** 章

STM32 电机控制套件 P-NUCLEO-IHM03

STM32 电机控制套件 P-NUCLEO-IHM03 包括 NUCLEO-G431RB 开发板、X-NUCLEO-IHM16M1 三相驱动板、三相云台电机 GBM2804H-100T，以及直流电源（DC 电源）。STM32 电机控制套件 P-NUCLEO-IHM03 的组成如图 2-1 所示。该平台为三相低电压低电流的无刷直流电机或永磁同步电机提供基于 STSPIN830 驱动器的控制解决方案。

图 2-1　STM32 电机控制套件 P-NUCLEO-IHM03 的组成

2.1　NUCLEO-G431RB 开发板

2.1.1　NUCLEO-G431RB 开发板概述

STM32G431RB 是一款 32 位微控制器，基于高性能 ARM Cortex-M4 32 位 RISC 内核，其最高频率可达 170 MHz，带有浮点单元，内嵌高级模拟外设集。NUCLEO-G431RB 开发板代表了价格实惠的灵活解决方案，可帮助用户使用 STM32G4 微控制器实践新理念并构建原型。NUCLEO-G431RB 开发板实物图如图 2-2 所示。

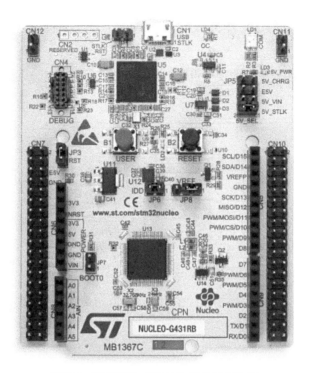

图 2-2　NUCLEO-G431RB 开发板实物图

NUCLEO-G431RB 开发板的通用功能如下。

- 采用 LQFP64 封装的 STM32 微控制器。
- 具有与 ARDUINO 共享的 1 个用户 LED。
- 具有 1 个用户按钮和 1 个复位按钮。
- 具有 32.768 kHz 的晶体振荡器。
- 板连接器：带有两种类型的扩展连接器，即 ARDUINO Uno V3 接口和 ST morpho 扩展插头。其中，ST morpho 扩展插头支持访问所有 STM32 IO。
- 具有灵活的电源选项：ST-LINK、USB V_{BUS} 或外部电源。
- 具有 USB 重新枚举功能的板上 STLINK-V3E 调试器/编程器，该调试器/编程器具有大容量存储器、虚拟 COM 端口和调试端口。
- 提供全面的免费软件库和例程，可从 STM32Cube MCU 软件包中获得。
- 支持多种集成开发环境，包括 IAR Embedded Workbench、MDK-ARM 及 STM32CubeIDE。

NUCLEO-G431RB 开发板的特有功能如下。

- 外部 SMPS 可生成 Vcore 逻辑电源。
- 24 MHz HSE（高速外部时钟信号）。
- 板连接器：外部 SMPS 实验专用连接器、Micro-AB 或 Mini-AB USB 连接器（用于 ST-LINK）、MIPI 调试连接器。
- 兼容 ARM Mbed Enabled™。

2.1.2 NUCLEO-G431RB 开发板的硬件构成

1）硬件设计框图

NUCLEO-G431RB 开发板的硬件设计框图如图 2-3 所示。

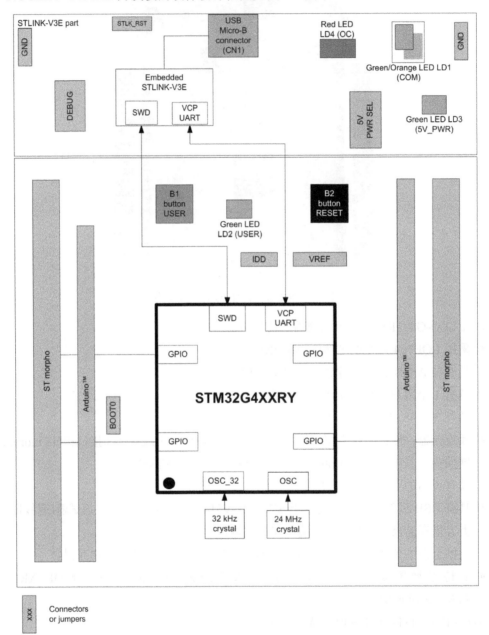

图 2-3 NUCLEO-G431RB 开发板的硬件设计框图

2）元器件的布局

NUCLEO-G431RB 开发板的正、反面元器件布局分别如图 2-4、图 2-5 所示。

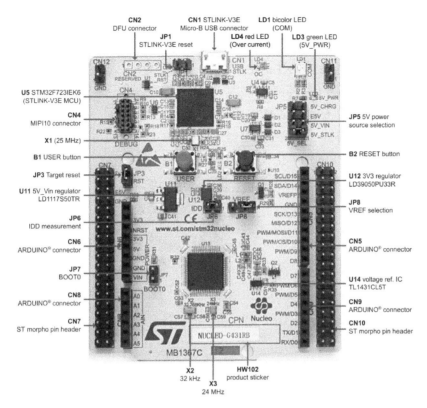

图 2-4　NUCLEO-G431RB 开发板的正面元器件布局

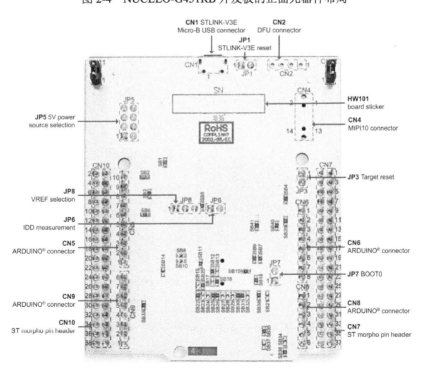

图 2-5　NUCLEO-G431RB 开发板的反面元器件布局

3）电源供应

电源可由以下 5 种不同的供电方式提供。

- 通过 USB 电缆连接至 CN1 的主机 PC（默认设置）。
- 连接至 CN7 引脚 24 的外部 7V-12V（VIN）电源。
- 连接至 CN7 引脚 6 的外部 5V（E5V）电源。
- 连接至 CN1 的外部 5V USB 充电器（5V_USB_CHGR）。
- 连接至 CN7 引脚 16 的外部 3.3V 电源（3V3）。

NUCLEO-G431RB 开发板的电源拓扑图如图 2-6 所示。

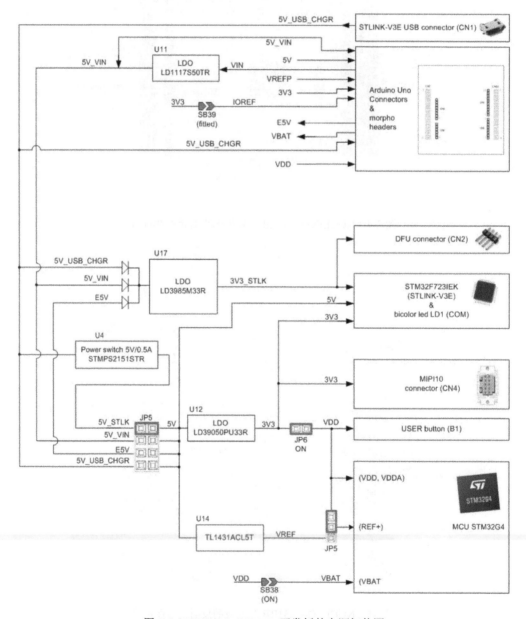

图 2-6　NUCLEO-G431RB 开发板的电源拓扑图

4）NUCLEO-G431RB 开发板与 Arduino 的连接

Arduino 连接器 CN5、CN6、CN8 和 CN9 是与 Arduino 标准兼容的内螺纹连接器。NUCLEO-G431RB 开发板上的 Arduino 连接器支持 Arduino Uno V3。开发板上的 Arduino 连接器标示图如图 2-7 所示，Arduino 和 ST morpho 连接的引脚图如图 2-8 所示。

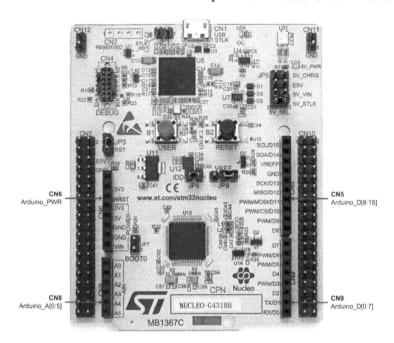

图 2-7　开发板上的 Arduino 连接器标示图

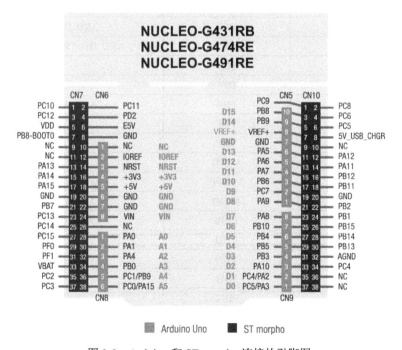

图 2-8　Arduino 和 ST morpho 连接的引脚图

5）NUCLEO-G431RB 开发板 IO 口的分配

NUCLEO-G431RB 开发板 IO 口的分配如表 2-1 所示。

表 2-1 NUCLEO-G431RB 开发板 IO 口的分配

引　　脚	引 脚 名 称	信号或标签	主要特征/可选特征
1	VBAT	VBAT	VBAT voltage supply
2	PC13	PC13	USER button/IO
3	PC14-OSC32_IN	OSC32_IN/PC14	LSE CLK/IO
4	PC15-OSC32_OUT	OSC32_OUT/PC15	LSE CLK/IO
5	PF0-OSC_IN	OSC_IN/PF0	HSE CLK/I
6	PF1-OSC_OUT	OSC_OUT/PF1	HSE CLK/O
7	PG10-NRST	T_NRST	STM32G4 RESET
8	PC0	PC0	ARD_A5-ADC12_IN6
9	PC1	PC1	ARD_A4-ADC12_IN7
10	PC2	PC2	IO
11	PC3	PC3	IO
12	PA0	PA0	ARD_A0-ADC12_IN1/User Button
13	PA1	PA1	ARD_A1-ADC12_IN2
14	PA2	LPUART1_TX	ARD_D1/STLINK_TX(T_VCP_TX)
15	VSS	GND	PWR GND
16	VDD	VDD	PWR VDD supply
17	PA3	LPUART1_RX	ARD_D0/STLINK_RX(T_VCP_RX)
18	PA4	PA4	ARD_A2-ADC2_IN17
19	PA5	PA5	ARD_D13-SPI1_CLK
20	PA6	PA6	ARD_D12-SPI1_MISO
21	PA7	PA7	ARD_D11-TIM3_CH2/SPI1_MOSI
22	PC4	PC4	IO
23	PC5	PC5	IO
24	PB0	PB0	ARD_A3-ADC3_IN12
25	PB1	PB1	IO
26	PB2	PB2	IO
27	VSSA	AGND	AGND
28	VREF+	VREFP	Reference voltage supply
29	VDDA	AVDD	Analog voltage supply
30	PB10	PB10	ARD_D6/TIM2_CH3
31	VSS	GND	GND
32	VDD	VDD	VDD voltage supply
33	PB11	PB11	IO
34	PB12	PB12	IO
35	PB13	PB13	IO
36	PB14	PB14	IO
37	PB15	PB15	IO

引　　脚	引 脚 名 称	信号或标签	主要特征/可选特征
38	PC6	PC6	IO
39	PC7	PC7	ARD_D9-TIM3_CH2(or TIM8_CH2)/IO
40	PC8	PC8	IO
41	PC9	PC9	IO
42	PA8	PA8	ARD_D7-IO
43	PA9	PA9	ARD_D8-IO
44	PA10	PA10	ARD_D2-IO
45	PA11	PA11	IO
46	PA12	PA12	IO
47	VSS	GND	GND
48	VDD	VDD	VDD voltage supply
49	PA13	T_SWDIO	T_SWDIO
50	PA14	T_SWCLK	T_SWCLK
51	PA15	T_JTDI	T_JTDI/I2C1_SCL
52	PC10	PC10	IO
53	PC11	PC11	IO
54	PC12	PC12	IO
55	PD2	D2	IO
56	PB3	PB3	ARD_D3-TIM2_CH2/T_SWO
57	PB4	PB4	ARD_D5-TIM3_CH1/IO
58	PB5	PB5	ARD_D4-IO
59	PB6	PB6	ARD_D10-SPIx_CS/TIM4_CH1
60	PB7	PB7	IO
61	PB8-BOOT0	BOOT0	BOOT0
62	PB9	PB9	ARD_D14-I2C1_SDA
63	VSS	GND	GND
64	VDD	VDD	VDD voltage supply

2.2　X-NUCLEO-IHM16M1 三相驱动板

2.2.1　X-NUCLEO-IHM16M1 三相驱动板概述

X-NUCLEO-IHM16M1 是基于 STSPIN830 面向 BLDCM/PMSM 的三相驱动板，为三相低电压低电流无刷直流电机提供电机控制解决方案，其规格参数和主要功能如下。

- 标称工作电压范围：直流 7～45V。
- 输出电流可达 1.5A（有效值）。

- 具有过流保护和互锁功能。
- 具有过热保护和欠电压保护功能。
- 具有反电动势（BEMF）感应电路。
- 支持三电阻或单电阻电流采样检测。
- 支持基于霍尔效应的传感器或编码器输入连接器。
- 具有可用于调速的电位计。
- 配有 ST morpho 连接器。
- 可在 3 个或 6 个 PWM 输入之间直接进行驱动。
- 具有可调节阈值的限流器。
- 具有 Bus 电压和 PCB 温度感应功能。
- 具有待机模式。

2.2.2　X-NUCLEO-IHM16M1 三相驱动板的硬件构成

1）基于 STSPIN830 驱动器

X-NUCLEO-IHM16M1 三相驱动板的核心驱动器 STSPIN830 是一款紧凑型三相电机驱动器，适合磁场定向控制方案，它集成了一整套功率级保护功能，使其成为高要求工业应用的解决方案。STSPIN830 驱动器集成于一个非常小的（4mm×4mm）QFN 封装。它具有控制逻辑和完善的保护，以及导通内阻较低的三相半桥功率级，并基于用户设置的参考电压和关断时间来实现 PWM 电流控制。

其主要特点如下。

- R_{DSon} (HS +LS)=1Ω（典型值）。
- 支持单个和三个电阻采样电流架构。
- 可调 OFF 时间的电流控制。
- 基于外部电阻的电流检测。
- 灵活的驱动方法，通过专用的 MODE 输入引脚，用户可在 6 个输入（高侧和低侧独立驱动）和 3 个输入（直接 PWM 驱动）之间进行设置。
- 由于支持三电阻采样电流拓扑，因此可实现更好的 FOC。
- 全面保护措施：瞬时过流保护、欠电压保护、过热保护、互锁功能、待机电流消耗低。

X-NUCLEO-IHM16M1 三相驱动板及其核心驱动器 STSPIN830 的位置如图 2-9 所示，STSPIN830 的功能框图如图 2-10 所示（截图来自 ST 官网数据手册《DS12584：Compact and versatile three-phase and three-sense motor driver》），STSPIN830 的部分电路原理图如图 2-11 所示（截图来自 ST 官网数据手册《DB3613：Three-phase brushless DC motor driver expansion board based on STSPIN830 for STM32 Nucleo》）。

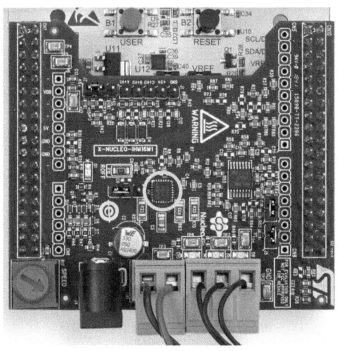

图 2-9　X-NUCLEO-IHM16M1 三相驱动板及其核心驱动器 STSPIN830 的位置

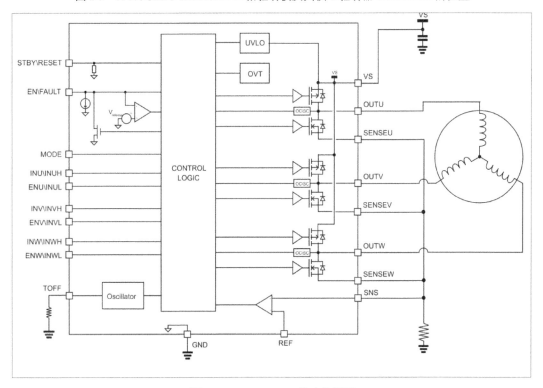

图 2-10　STSPIN830 的功能框图

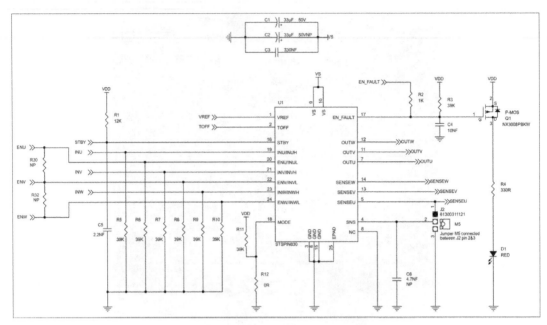

图 2-11   STSPIN830 的部分电路原理图

2）电流采样检测及其他感应控制

X-NUCLEO-IHM16M1 三相驱动板上的运放 TSV994 可将采样电阻上的电压放大和偏移到可采样的范围，并把得到的信号输入 MCU 的 ADC 端口，从而完成电流的采样。采样方式可以选择三电阻或单电阻。TSV994 在 X-NUCLEO-IHM16M1 三相驱动板上的位置如图 2-12 所示，X-NUCLEO-IHM16M1 电流检测和调节电路如图 2-13 所示（截图来自 ST 官网数据手册《DB3613：Three-phase brushless DC motor driver expansion board based on STSPIN830 for STM32 Nucleo》）。

图 2-12   TSV994 在 X-NUCLEO-IHM16M1 三相驱动板上的位置

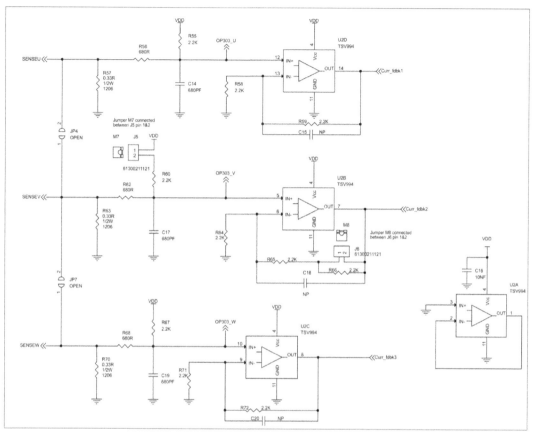

图 2-13　X-NUCLEO-IHM16M1 电流检测和调节电路

X-NUCLEO-IHM16M1 的传感器及其他相关电路图如图 2-14 所示（截图来自 ST 官网数据手册《DB3613：Three-phase brushless DC motor driver expansion board based on STSPIN830 for STM32 Nucleo》）。其中，NTC 为热敏电阻，通过温度升高使电阻减小，进而实现 PCB 温度的感应。R20、R21、R22 和 R23、R24、R25，以及 C10、C11、C12 构成了一个具有限流上拉的低通滤波回路，可以滤除高频干扰。

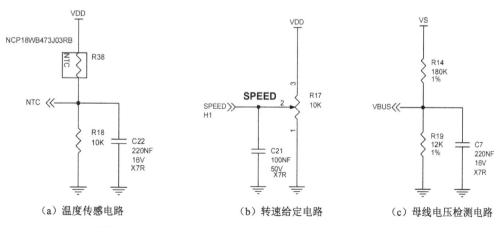

（a）温度传感电路　　　　　（b）转速给定电路　　　　　（c）母线电压检测电路

图 2-14　X-NUCLEO-IHM16M1 的传感器及其他相关电路图

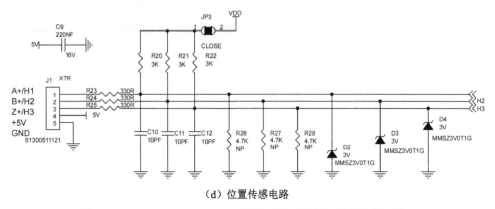

（d）位置传感电路

图 2-14　X-NUCLEO-IHM16M1 的传感器及其他相关电路图（续）

3）BEMF 感应电路

通过旋转电机的 BEMF 可进行位置估算。电机的 BEMF 与磁场和电机速度的乘积成正比，且电机位置是磁场的函数。借助 BEMF 可以知道并控制 BLDCM 的位置和速度。通过采集三相电压并将其输入观测器以实现位置检测。BEMF 感应电路原理图如图 2-15 所示（截图来自 ST 官网数据手册《DB3613：Three-phase brushless DC motor driver expansion board based on STSPIN830 for STM32 Nucleo》），其中，S1751-46R TP6、S1751-46R TP7 和 S1751-46R TP8 是测试点。

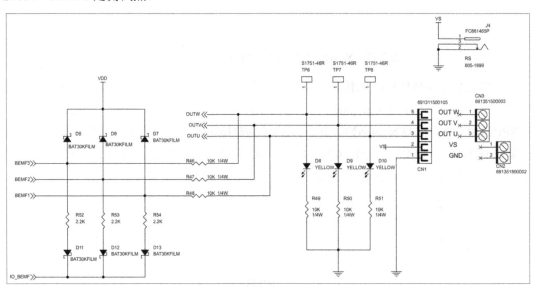

图 2-15　BEMF 感应电路原理图

4）X-NUCLEO-IHM16M1 三相驱动板与 STM32 Nucleo 开发板相连

X-NUCLEO-IHM16M1 三相驱动板上集成了 Arduino 和 ST morpho 连接器，因此它可以与 STM32 Nucleo 开发板相连，并与其他的 STM32 Nucleo 扩展板兼容。CN7、CN10 这两个公共引脚头在板子的两面都有突出，可以用来将 X-NUCLEO-IHM16M1 三相驱动板与 NUCLEO-G431RB 开发板相连。所有 MCU 的信号和电源脚位在 ST morpho 连接器上都有效，MCU 的详细引脚分布图如图 2-16 所示（截图来自 ST 官网数据手册《DB3613：Three-phase brushless DC motor driver expansion board based on STSPIN830 for STM32 Nucleo》），X-NUCLEO-IHM16M1 三相驱动板的跳线接口如图 2-17 所示。

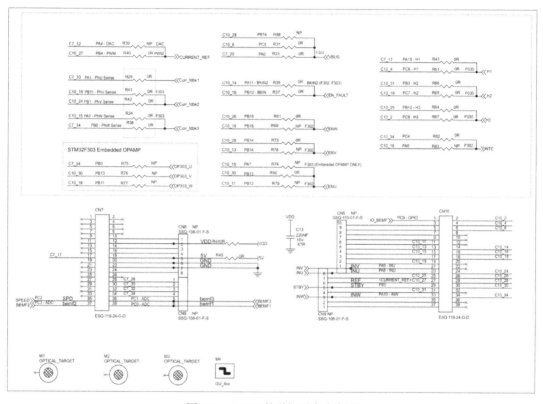

图 2-16　MCU 的详细引脚分布图

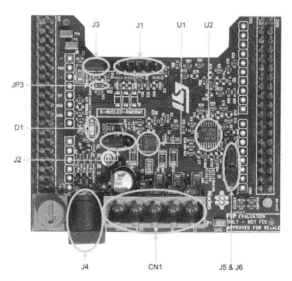

图 2-17　X-NUCLEO-IHM16M1 三相驱动板的跳线接口

X-NUCLEO-IHM16M1 三相驱动板的跳线配置如表 2-2 所示，其中，JP4 和 JP7 必须同步配置，当其同时开时，为三电阻电流采样；当其同时关时，为单电阻电流采样。X-NUCLEO-IHM16M1 三相驱动板元器件功能描述如表 2-3 所示。

表 2-2　X-NUCLEO-IHM16M1 三相驱动板的跳线配置

跳　　线	相　关　配　置	默　认　状　态
J5	FOC 控制算法的选择	关
J6	FOC 控制算法的选择	关
J2	HW 限流模式的选择（在三电阻电流采样模式下默认关闭）	[2-3]关
J3	固定或可调整的限流临界值的选择（默认为固定）	[1-2]关
JP4 和 JP7	单电阻/三电阻电流采样架构的选择（默认为三电阻电流采样模式）	开

表 2-3　X-NUCLEO-IHM16M1 三相驱动板元器件功能描述

元器件部位	功　能　描　述
CN7,CN10	ST morpho 连接器
CN5,CN6,CN9,CN8	Arduino,Uno 连接器
U1	STSPIN830 驱动器
U2	TSV994IPT 运放
J4	电源插孔连接器
CN1	电机和供电插口
J1	霍尔编码器传感器连接口
D1	LED 状态指示器

2.3　三相云台电机 GBM2804H-100T

三相云台电机 GBM2804H-100T 的外观如图 2-18 所示，电机结构及尺寸如图 2-19 所示。电机上引出的 3 根接线分别对应 U、V、W 相，在使用时，3 根接线分别连接到 X-NUCLEO-IHM16M1 三相驱动板上 CN1 对应的 U、V、W 处。

图 2-18　三相云台电机 GBM2804H-100T 的外观

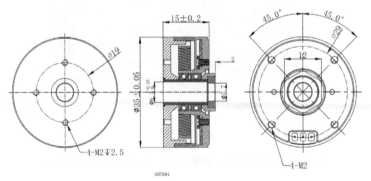

图 2-19　电机结构及尺寸

三相云台电机 GBM2804H-100T 的规格参数如下。

- 最大直流电压：14.8V。
- 最高转速：2180rpm。
- 最大扭矩：0.981N·m。
- 最大直流电流：5A。
- 极对数：7。

2.4　DC 电源

DC 电源的规格参数如下。

- 标称输出电压：直流 12V。
- 最大输出电流：2A。
- 输入的工作电压范围：交流 100～240V。
- 频率范围：50～60Hz。

第 3 章

软件开发环境

本书主要用到的软件开发工具有 MotorControl Workbench（MC SDK）、STM32CubeMX、STM32CubeIDE、Keil 等。STM32G4 软件生态系统的组成如图 3-1 所示。

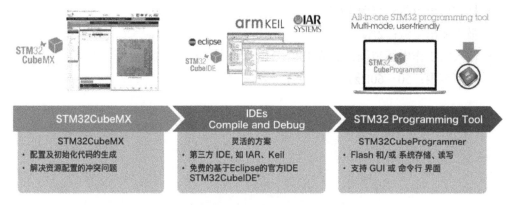

图 3-1　STM32G4 软件生态系统的组成

STM32 电机控制 SDK 工作流如图 3-2 所示。MotorControl Workbench 主要用于创建工程；STM32CubeMX 主要用于配置及初始化代码的生成，解决资源配置的冲突问题；STM32 提供的免费集成开发环境 CubeIDE 或第三方集成开发环境（如 IAR、Keil）用于代码的调试、编译与下载。

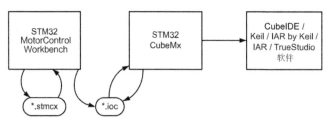

图 3-2　STM32 电机控制 SDK 工作流

以电机控制套件 P-NUCLEO-IHM03 为例，首先使用 MotorControl Workbench 创建工程，选择 Control Board 为 NUCLEO-G431RB 开发板、Power Board 驱动板为 X-NUCLEO-IHM16M1 三相驱动板、Motor 为 GBM2804H-100T。工程生成完毕，调试参数后在 STM32CubeMX 中生成代码。初始化代码生成后，将代码在 CubeIDE 或 Keil 中打开并进行调试、编译与下载。当代码下载到单片机中进行电机控制时，使用 MotorControl Workbench 可以实现对电机的在线调试、波形观测与状态监测。

3.1　开发环境概述

1）STM32CubeMX

STM32CubeMX 是针对 STM32 系列微控制器的可视化配置工具，通过分步过程可以非常轻松地配置 STM32 微控制器和微处理器，以及为 ARM Cortex-M 内核或面向 ARM Cortex-A 内核的特定 Linux 设备树生成相应的初始化 C 代码。它的主要功能有引脚配置、时钟配置、中断配置、片上外设配置、生成初始代码等。

2）STM32CubeIDE

STM32CubeIDE 是针对 STM32 系列微控制器的集成开发环境，具有 STM32 微控制器和微处理器的外设配置、代码生成、代码编译和调试功能。STM32CubeIDE 可以帮助用户编译调试代码，包括 STM32CubeMX 生成的项目代码，同时集成了 STM32CubeMX 工具。

3）Keil

Keil 是 Keil Software 公司开发的微控制器软件开发平台，是目前 ARM 内核单片机开发的主流工具。它提供了包括 C 编译、宏汇编、链接器、库管理和一个功能强大的仿真调试器在内的完整开发方案，通过一个集成开发环境（μVision）将这些部分组合在一起。其中，MDK-ARM 是 Keil Software 公司开发的基于 ARM 内核的系列微控制器的嵌入式应用程序。

4）IAR EWARM

Embedded Workbench for ARM（EWARM）是 IAR Systems 公司为 ARM 微处理器开发的一个集成开发环境（又称 IAR EWARM）。与其他的 ARM 开发环境相比，IAR EWARM 具有入门容易、使用方便和代码紧凑等特点。IAR EWARM 中包含一个全软件的模拟程序，用户不需要任何硬件支持就可以模拟各种 ARM 内核、外部设备，甚至中断的软件运行环境。

5）MotorControl Workbench

MotorControl Workbench 是 STM32 电机控制工作台，它可以减少 STM32 PMSM FOC 固件配置所需的设计工作时间。用户通过 GUI 生成项目文件，并根据应用程序的需要初始化库。可以使用 MotorControl Workbench 对电机进行调速、参数设置、在线调试、波形观测，以及快速实现对电机的控制，包括有感/无感、方波控制和 FOC 控制。

Motor Profiler 是用来对电机参数实现快速测试的工具，集成在 MotorControl Workbench 中。

6）STM Studio

STM Studio 是 STM32 的一款小巧的图形化数据监测软件，通过实时读取和显示变量来帮助调试和诊断 STM32 的应用程序，通过标准的 ST-LINK 开发工具与 STM32 连接。STM Studio 是一种非侵入式工具，可以保留应用程序的实时行为，它非常适合调试无法停止的应用，如电机控制应用。

3.2 STM32CubeMX

3.2.1 下载和安装

打开"电堂科技"官网主页，选择"厂商专区"菜单下的"STM32"命令，在搜索框中输入"STM32 新手入门 - 工具安装"并搜索，即可检索到参考视频《STM32 新手入门 - 工具安装》。

（1）打开 ST 官网主页，在搜索框中选择"Tools & Software"类别，搜索"STM32CubeMX"，在检索结果界面中单击"STM32CubeMX"，跳转到"STM32CubeMX"界面，将语言切换成中文，单击"获取软件"选项卡，如图 3-3 所示。根据自己的电脑系统单击对应的"Get latest"按钮进行下载，此处以 6.5.0 版本为例说明其安装过程。

图 3-3　获取软件

（2）在弹出的"许可协议"对话框中单击"接受"按钮，弹出"获取软件"对话框，如图 3-4 所示。输入电子邮件地址，勾选同意隐私声明复选框，单击"下载"按钮，若弹出图 3-5 所示的对话框，则表示注册 MyST 成功。

图 3-4　"获取软件"对话框

图 3-5 注册 MyST 成功

（3）进入电子邮箱查看收到的反馈邮件，下载 STM32CubeMX，如图 3-6 所示。单击
"立即下载"按钮，直接跳转到 ST 网站，稍等片刻会开始自动下载。

图 3-6 下载 STM32CubeMX

（4）下载完成后将软件进行解压，建议解压到英文目录下（不要含有中文），然后双击
"SetupSTM32CubeMX-6.5.0-Win.exe"文件进行安装，如果弹出提示安装 Java 的窗口，那么
按照操作进行安装即可。进入 STM32CubeMX 的安装流程后，根据提示逐步完成安装。
STM32CubeMX 的安装过程如图 3-7～图 3-14 所示。

图 3-7 STM32CubeMX 的安装过程（1）

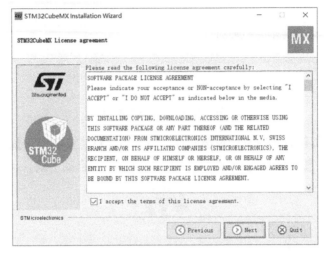

图 3-8　STM32CubeMX 的安装过程（2）

图 3-9　STM32CubeMX 的安装过程（3）

图 3-10　STM32CubeMX 的安装过程（4）

图 3-11 STM32CubeMX 的安装过程（5）　　　　　图 3-12 STM32CubeMX 的安装过程（6）

图 3-13 STM32CubeMX 的安装过程（7）

图 3-14 STM32CubeMX 的安装过程（8）

（5）安装完成后，打开 STM32CubeMX。STM32CubeMX 的主界面如图 3-15 所示。

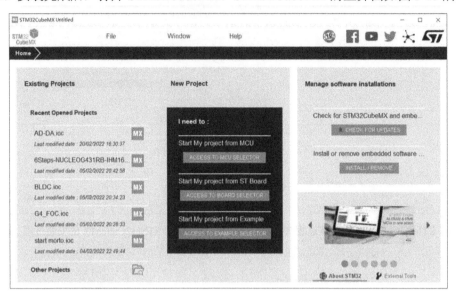

图 3-15　STM32CubeMX 的主界面

3.2.2　工具界面

STM32CubeMX 主界面的功能分区如图 3-16 所示。

图 3-16　STM32CubeMX 主界面的功能分区

① 在菜单栏中，"File"用于工程文件的管理，"Window"用于切换软件的视图效果，"Help"用于寻找软件使用指南，如检查更新或固件包的安装等。

② "Existing Projects"栏中展示了近期的工程文件，方便快捷打开。一般利用 MotorControl Workbench 生成的工程文件可以在此直接打开。

③ "New Project"栏中除了可以打开 MC SDK 生成的工程文件，也可以选择开发板

自行创建新的工程文件。

④ "Manage software installations"栏中的按钮主要用于检查 STM32CubeMX 的更新及固件包的下载与安装。

如果要创建新工程，那么可以单击 "New Project"栏中的 "ACCESS TO MCU SELECTOR"按钮，进入 MCU/MPU 选择界面，如图 3-17 所示。

图 3-17　MCU/MPU 选择界面

以 P-NUCLEO-IHM03 套件为例，在 "Commercial Part Number"文本框中输入 "STM32G431RB"后双击 "STM32G431RBTx"即可选中套件中的开发板，进入配置界面，如图 3-18 所示。配置界面内具体包括引脚配置、时钟配置、工程管理、工具、资源、代码生成、引脚/系统视图等内容。

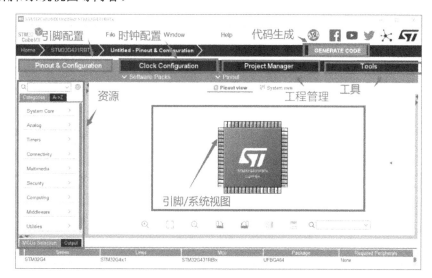

图 3-18　配置界面

3.3 STM32CubeIDE

3.3.1 下载和安装

打开"电堂科技"官网主页，选择"厂商专区"菜单下的"STM32"命令，在搜索框中输入"STM32 新手入门 - 工具安装"并搜索，即可检索到参考视频《STM32 新手入门 - 工具安装》。

（1）STM32CubeIDE 的下载流程与 STM32CubeMX 的下载流程类似。打开 ST 官网主页，在搜索框中选择"Tools & Software"类别，搜索"STM32CubeIDE"，在检索结果界面中单击"STM32CubeIDE"，跳转到"STM32CubeIDE"界面，将语言切换成中文，单击"获取软件"选项卡，如图 3-19 所示。根据自己的电脑系统单击对应的"Get latest"按钮进行下载，此处以 1.9.0 版本为例说明其安装过程。

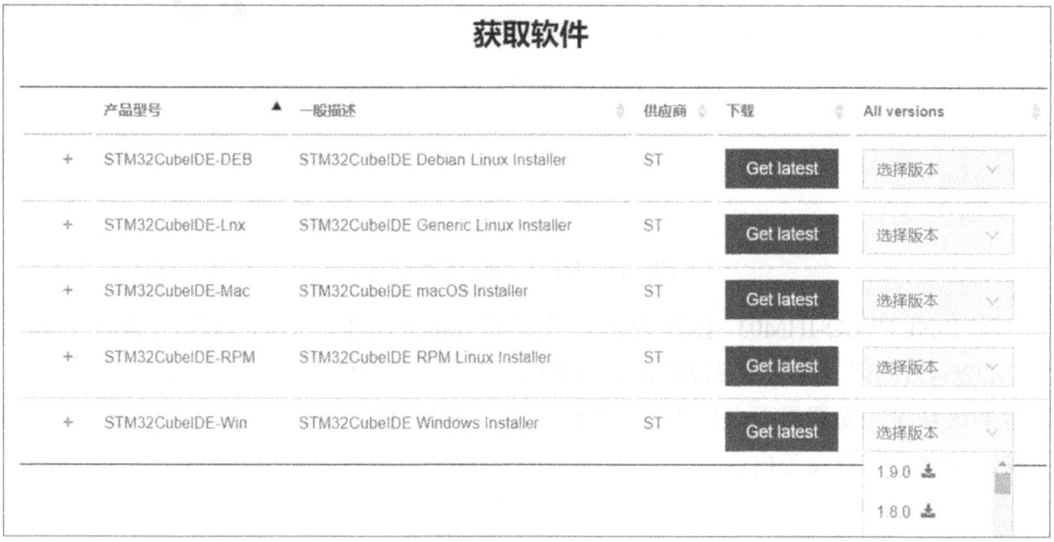

图 3-19　获取软件

（2）在弹出的"许可协议"对话框中单击"接受"按钮（请注意先登录或注册 ST 账号），进行下载。

（3）下载完成后将软件进行解压，解压到英文目录下（安装目录必须是英文的，否则会报"Error launching installer"错误）。双击"st-stm32cubeide_1.9.0_12015_20220302_0855_x86_64.exe"文件进行安装。进入安装流程后，根据提示逐步完成安装。STM32CubeIDE 的安装过程如图 3-20～图 3-24 所示。

（4）安装完成后，打开 STM32CubeIDE。STM32CubeIDE 的主界面如图 3-25 所示。

图 3-20　STM32CubeIDE 的安装过程（1）

图 3-21　STM32CubeIDE 的安装过程（2）

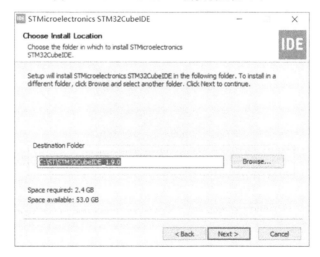

图 3-22　STM32CubeIDE 的安装过程（3）

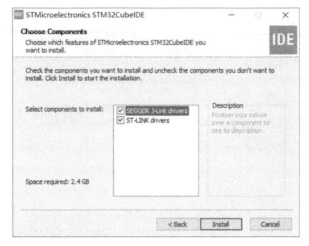

图 3-23　STM32CubeIDE 的安装过程（4）

图 3-24　STM32CubeIDE 的安装过程（5）

图 3-25　STM32CubeIDE 的主界面

3.3.2　工具界面

STM32CubeIDE 主界面的功能分区如图 3-26 所示。

图 3-26　STM32CubeIDE 主界面的功能分区

打开一个 STM32CubeMX 生成的工程文件，工程文件界面的功能分区如图 3-27 所示。

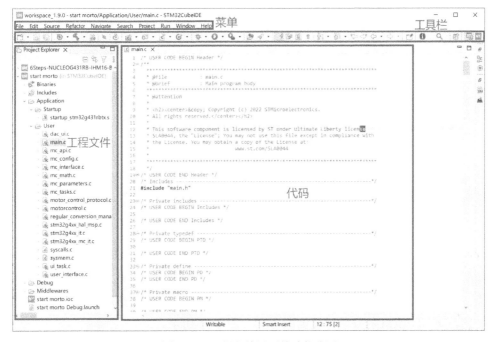

图 3-27　工程文件界面的功能分区

3.4 Keil（MDK-ARM）

3.4.1 下载和安装

打开"电堂科技"官网主页，选择"厂商专区"菜单下的"STM32"命令，在搜索框中输入"STM32 新手入门 - 工具安装"并搜索，即可检索到参考视频《STM32 新手入门 - 工具安装》。

（1）打开 Keil 官网主页，在"Download"菜单下选择"Product Downloads"→"MDK-Arm"命令。若第一次打开该网站，则会进入 MDK-ARM 联系信息输入界面，如图 3-28 所示。

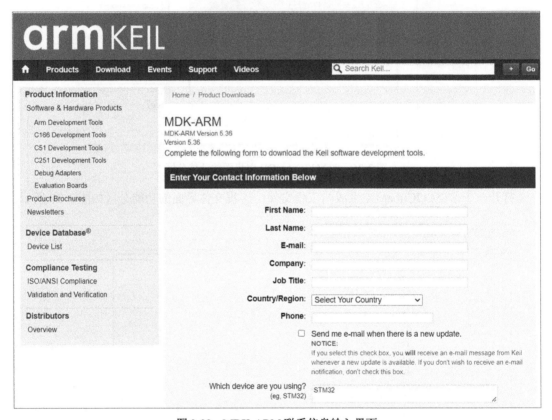

图 3-28　MDK-ARM 联系信息输入界面

（2）在图 3-28 中填写联系信息，填好后单击"Submit"按钮，进入 MDK-ARM 下载界面，如图 3-29 所示，单击"MDK536.EXE"按钮进行下载。

（3）下载完成后双击"MDK536.exe"文件进行安装。进入安装流程后，根据提示逐步完成安装。MDK-ARM 的安装过程如图 3-30～图 3-34 所示。

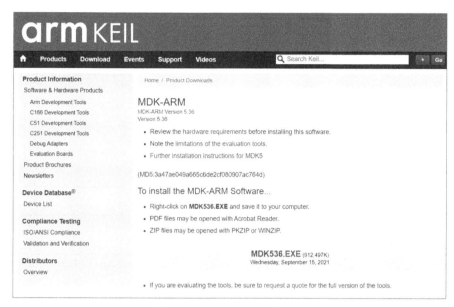

图 3-29　MDK-ARM 下载界面

图 3-30　MDK-ARM 的安装过程（1）

图 3-31　MDK-ARM 的安装过程（2）

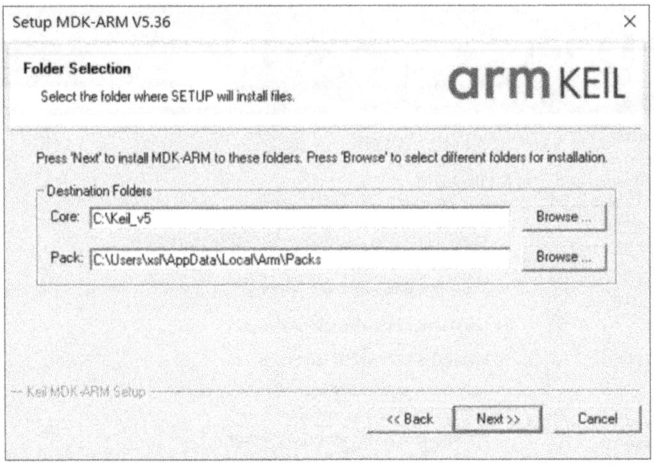

图 3-32　MDK-ARM 的安装过程（3）

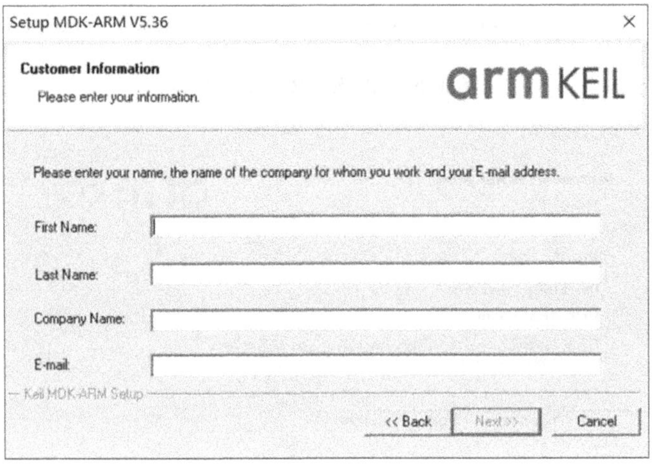

图 3-33　MDK-ARM 的安装过程（4）

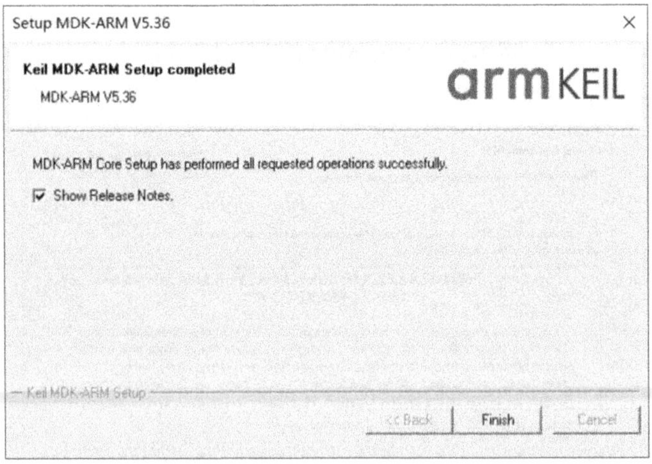

图 3-34　MDK-ARM 的安装过程（5）

（4）安装完成后，打开 MDK-ARM。MDK-ARM 的主界面如图 3-35 所示。

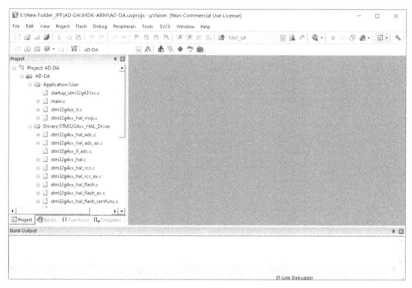

图 3-35　MDK-ARM 的主界面

3.4.2　操作简介

进入 MDK-ARM 后，打开 STM32CubeMX 生成的工程文件。MDK-ARM 主界面的功能分区如图 3-36 所示。

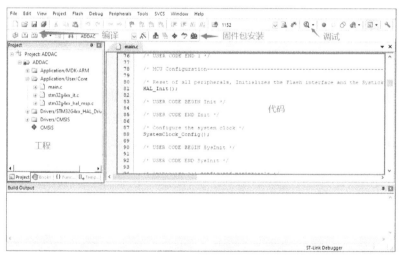

图 3-36　MDK-ARM 主界面的功能分区

下面介绍固件包的安装。

（1）在 Keil 内选择直接安装。

单击图 3-36 中的固件包安装按钮，打开固件包安装界面，如图 3-37 所示。单击左侧"Device"栏中的"STM32G4 Series"开发板，然后选择右侧"Pack"栏中的"Keil::STM32G4xx_DFP"固件包，下载后进行安装或更新。

（2）首次安装会进入固件包下载界面，如图 3-38 所示。选择"STMicroelectronics STM32G4 Series Device Support, Drivers and Examples"，单击右侧的下载箭头按钮进行下载。

图 3-37　固件包安装界面

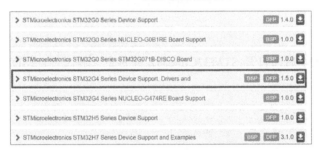

图 3-38　固件包下载界面

（3）图 3-39 所示为固件包导入界面。在固件包安装界面中选择菜单栏中的"File"→
"Import"命令，将下载的固件包导入，或者直接单击固件包进行安装。

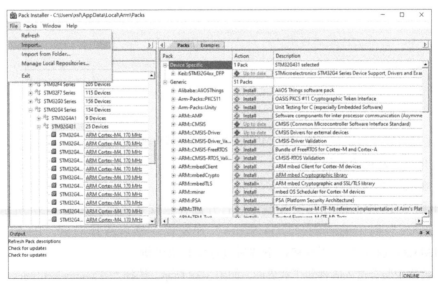

图 3-39　固件包导入界面

3.5　IAR EWARM

3.5.1　下载和安装

（1）打开 IAR 官网主页，选择"PRODUCTS"菜单下的"Try Software"命令，进入 IAR 试用版下载界面，如图 3-40 所示。单击"IAR Embedded Workbench for Arm"右侧的下拉箭头，并单击"Register and download"按钮，进入 IAR Embedded Workbench for Arm 下载界面，如图 3-41 所示。

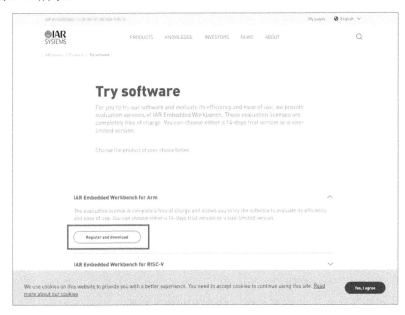

图 3-40　IAR 试用版下载界面

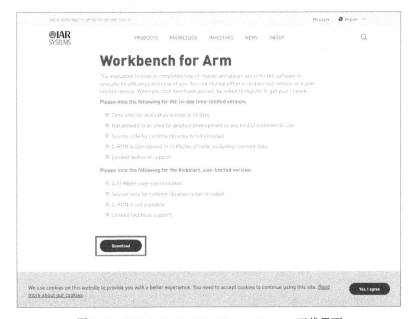

图 3-41　IAR Embedded Workbench for Arm 下载界面

（2）单击"Download"按钮进入 IAR 试用版注册界面，如图 3-42 所示，填写带"*"
的信息并提交。

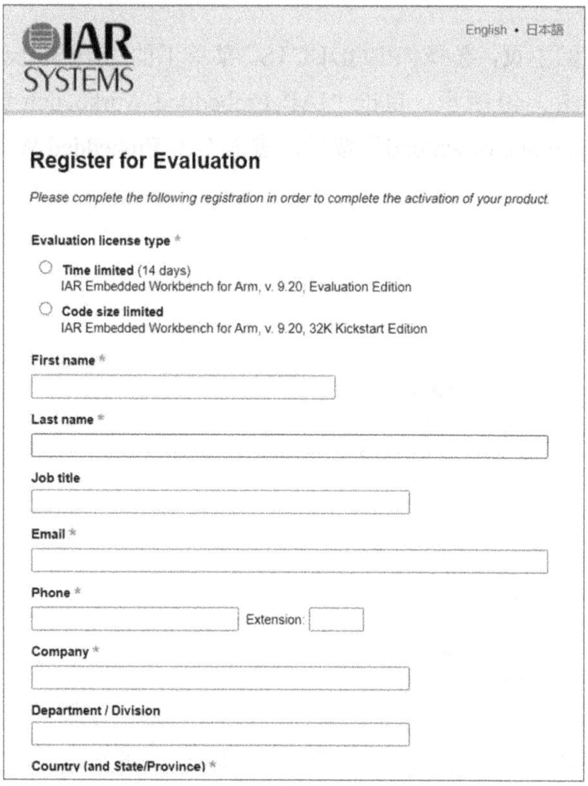

图 3-42　IAR 试用版注册界面

（3）提交注册信息后网站会发送一封确认注册邮件到填写的邮箱中，IAR 注册确认邮
件的发送界面如图 3-43 所示。打开收到的邮件，单击邮件中的链接，进入 IAR 注册确认界
面，如图 3-44 所示。

图 3-43　IAR 注册确认邮件的发送界面

（4）单击"Download software"按钮进行下载，下载完成后双击"EWARM-9204-47112.exe"
文件进行安装。IAR Embedded Workbench for Arm 的安装过程如图 3-45～图 3-51 所示。

图 3-44　IAR 注册确认界面

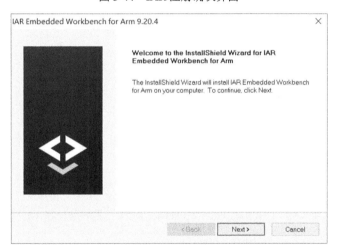

图 3-45　IAR Embedded Workbench for Arm 的安装过程（1）

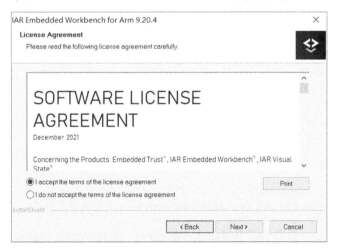

图 3-46　IAR Embedded Workbench for Arm 的安装过程（2）

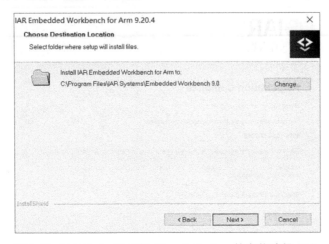

图 3-47　IAR Embedded Workbench for Arm 的安装过程（3）

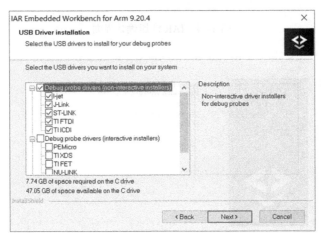

图 3-48　IAR Embedded Workbench for Arm 的安装过程（4）

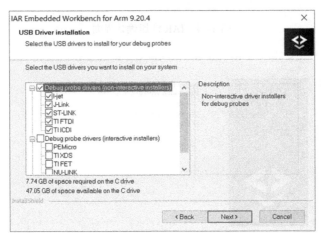

图 3-49　IAR Embedded Workbench for Arm 的安装过程（5）

（5）安装完成后，打开 IAR Embedded Workbench IDE-Arm。IAR Embedded Workbench
IDE-Arm 的主界面如图 3-52 所示。

图 3-50　IAR Embedded Workbench for Arm 的安装过程（6）

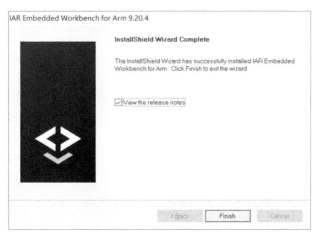

图 3-51　IAR Embedded Workbench for Arm 的安装过程（7）

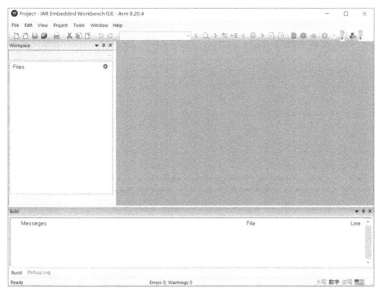

图 3-52　IAR Embedded Workbench IDE-Arm 的主界面

（6）选择"Help"菜单下的"License Manager"命令，打开 IAR License Manager 窗口，如图 3-53 所示。

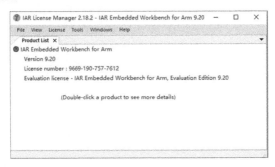

图 3-53　IAR License Manager 窗口

（7）选择"License"菜单下的"Activate License"命令，打开激活向导对话框，选择在线激活，输入注册确认邮件中的 license number，逐步完成软件激活。IAR 的激活过程如图 3-54～图 3-57 所示。

图 3-54　IAR 的激活过程（1）

图 3-55　IAR 的激活过程（2）

图 3-56　IAR 的激活过程（3）

图 3-57　IAR 的激活过程（4）

3.5.2　操作简介

进入 IAR Embedded Workbench IDE 后，选择"File"菜单下的"Open Workspace"命令，打开工作空间，如图 3-58 所示。

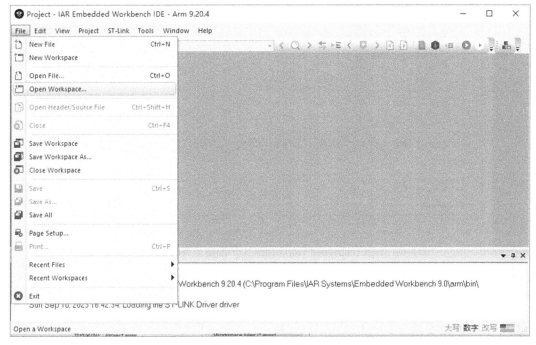

图 3-58　打开工作空间

打开 STM32CubeMX 生成的工程文件，如图 3-59 所示，此处以 6S_IHM16_SL_VM 为例。IAR Embedded Workbench IDE-Arm 主界面的功能分区如图 3-60 所示。

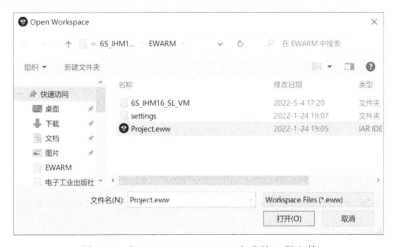

图 3-59　打开 STM32CubeMX 生成的工程文件

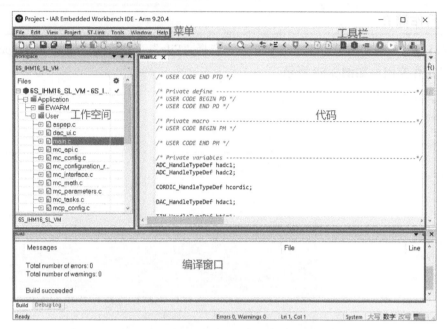

图 3-60　IAR Embedded Workbench IDE-Arm 主界面的功能分区

3.6　MotorControl Workbench（MC SDK）

3.6.1　下载和安装

（1）打开 ST 官网主页，选择"Tools & Software"→"Ecosystems"→"STM32 Ecosystem for Motor Control"→"Embedded Software"→"X-CUBE-MCSDK"→"Get Software"命令，进入 X-CUBE-MCSDK 软件的下载界面，如图 3-61 所示。选择对应版本进行下载，此处以 5.4.8 版本为例说明其安装过程。

图 3-61　X-CUBE-MCSDK 软件的下载界面

（2）在弹出的"许可协议"对话框中单击"接受"按钮（请注意先登录或注册 ST 账号），进行下载。

（3）下载完成后将软件进行解压，然后双击"X-CUBE-MCSDK_5.4.8.exe"文件进行安装。进入安装流程后，根据提示逐步完成安装（注意在安装的路径名中不要有中文，建议不要安装在系统盘中）。MC SDK 的安装过程如图 3-62～图 3-65 所示。

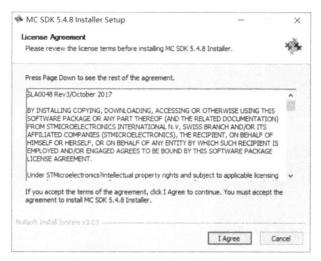

图 3-62　MC SDK 的安装过程（1）

图 3-63　MC SDK 的安装过程（2）

图 3-64　MC SDK 的安装过程（3）

图 3-65　MC SDK 的安装过程（4）

（4）安装完成后打开软件，MC SDK 的主界面如图 3-66 所示。

图 3-66　MC SDK 的主界面

3.6.2　操作简介

打开"电堂科技"官网主页，选择"厂商专区"菜单下的"STM32"命令，在搜索框中输入"MC SDK5.x 软件介绍【上】"并搜索，即可检索到参考视频《4.MC SDK5.x 软件介绍【上】》。

ST Motor Control Workbench 主界面的功能分区如图 3-67 所示。用户按钮区用于创建新项目、加载已有项目或启动 ST 电机参数测量工具；最近项目区用于加载近期的项目；例程区用于加载项目示例。

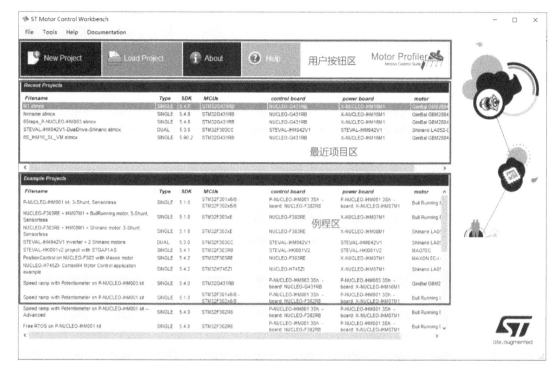

图 3-67 ST Motor Control Workbench 主界面的功能分区

（1）创建新项目。

在图 3-67 中的用户按钮区单击"New Project"按钮，弹出"New Project"对话框。在"Application type"下拉列表中选择"Custom"，在"System"选项中选中"Single Motor"单选按钮。以本书使用的 P-NUCLEO-IHM03 套件为例，有两种方法可以创建新项目。第 1 种方法如图 3-68 所示，在"Select Boards"选项中选中"MC Kit"单选按钮，在"Motor Control Kit"下拉列表中选择"P-NUCLEO-IHM03 3Sh"，在"Motor"下拉列表中选择"GimBel GBM2804H-100T"。第 2 种方法如图 3-69 所示，在"Select Boards"选项中选中"Power&Control"单选按钮，在"Control"下拉列表中选择"NUCLEO-G431RB"，在"Power"下拉列表中选择"X-NUCLEO-IHM16M1 3Sh"，在"Motor"下拉列表中选择"GimBel GBM2804H-100T"。

（2）硬件配置。

硬件配置窗口如图 3-70 所示，主要包括图标与菜单区、当前硬件信息、硬件细节设定、主要硬件配置信息和用户信息。

电机监测界面如图 3-71 所示。按钮①用于打开电机监测界面；按钮②用于连接电机（图中电机尚未连接）；按钮③用于打开示波器窗口，示波器窗口如图 3-72 所示。

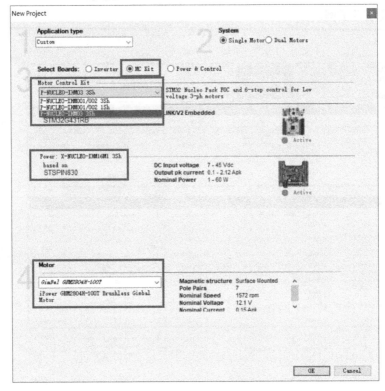

图 3-68　创建新项目方法 1

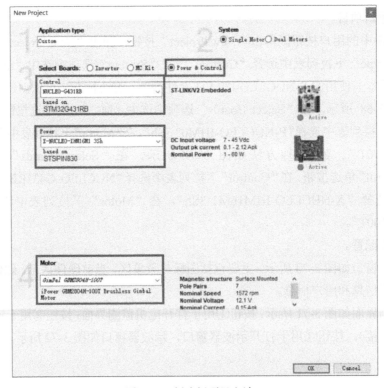

图 3-69　创建新项目方法 2

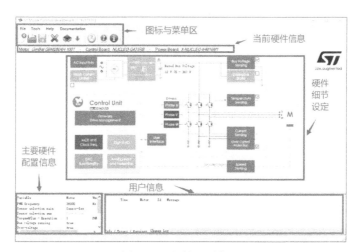

图 3-70　硬件配置窗口

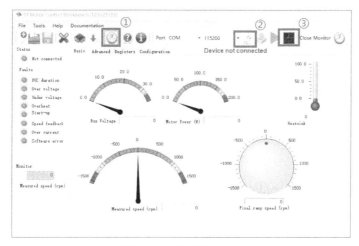

图 3-71　电机监测界面

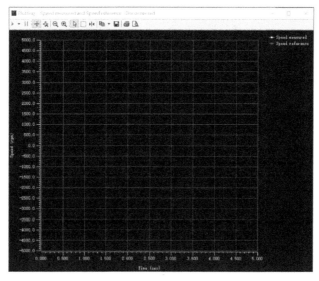

图 3-72　示波器窗口

（3）工程生成。

单击"Project generation"按钮可以选择合适的 IDE 自动生成代码，生成的代码可在 CubeMX 中打开并进行下一步配置工作，具体操作流程将在 7.1 节中展示。代码生成窗口如图 3-73 所示。

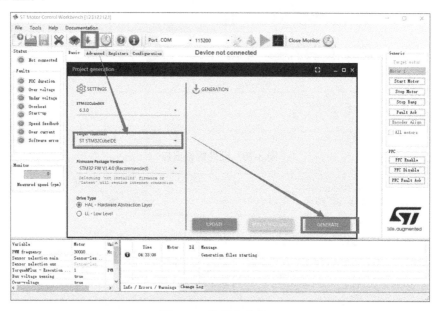

图 3-73　代码生成窗口

3.6.3　使用 ST Motor Profiler 获得电机参数

ST Motor Control Workbench 中集成的 Motor Profiler 工具如图 3-74 所示。单击"Motor Profiler"按钮进行参数测量，操作步骤如下。

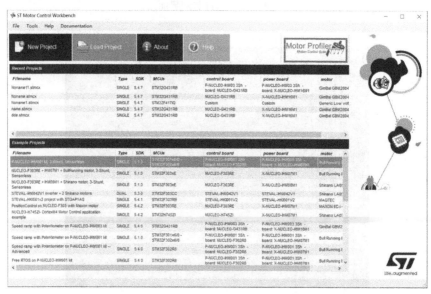

图 3-74　ST Motor Control Workbench 中集成的 Motor Profiler 工具

（1）选择开发板。

在"ST Motor Profiler"窗口中，单击"Select Boards"按钮选择开发板，如图 3-75 所示，打开套件选择窗口，选择 P-NUCLEO-IHM03 套件（见图 3-76），该套件由 NUCLEO-G431RB 和 X-NUCLEO-IHM16M1 3Sh 两块板子组成。

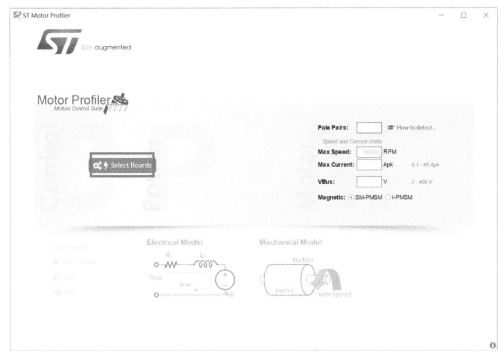

图 3-75　选择开发板

图 3-76　选择 P-NUCLEO-IHM03 套件

如果是第一次使用该套件，则需要进行板子配置检查，如图 3-77 所示，单击图中方框内的"Remember to properly configure the boards in Motor Control mode"链接，对板子需要进行安装的线帽进行检查。

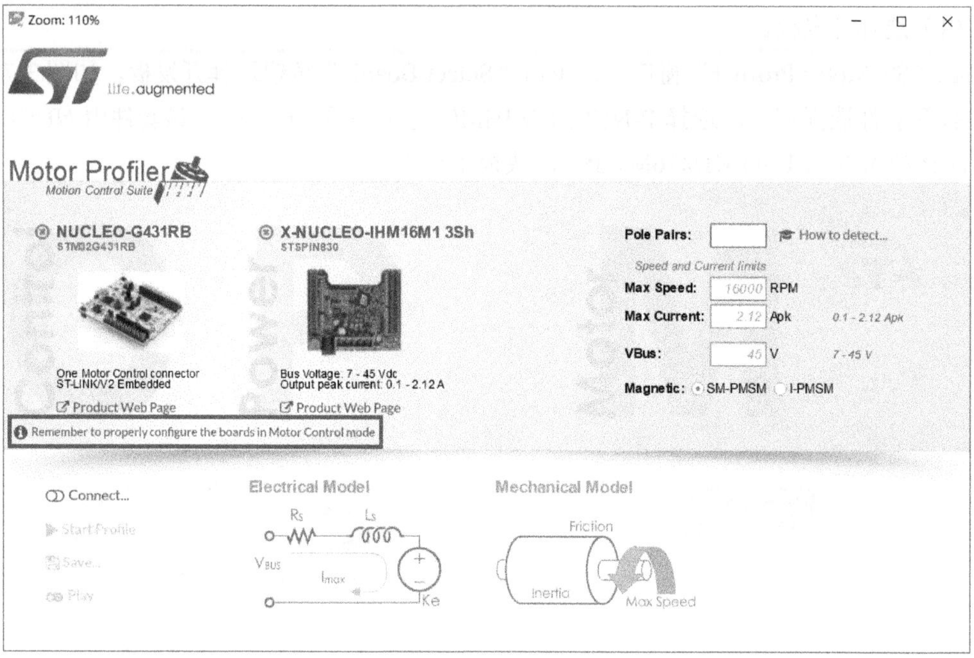

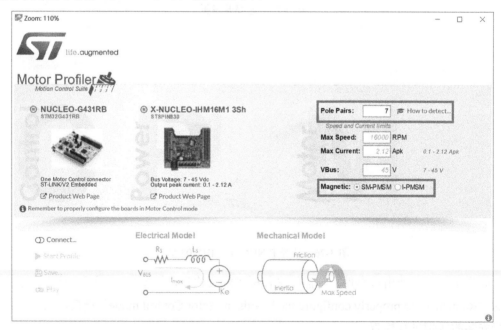

图 3-77　板子配置检查

（2）填写电机参数（见图 3-78）。

根据厂家提供的信息填写电机相关参数，有助于缩短测量准确数值的时间。其中，电机的极对数、磁体的内置类型是必须填写的，在 ST 官网中可以找到相关数据。本书使用的电机为表贴式电机（SM-PMSM），极对数为 7。

图 3-78　填写电机参数

（3）连接开发板与软件（见图 3-79）。

单击图 3-79 中的"Connect"按钮进行连接。第一次连接成功会显示连接成功的状态框，如图 3-80 所示。

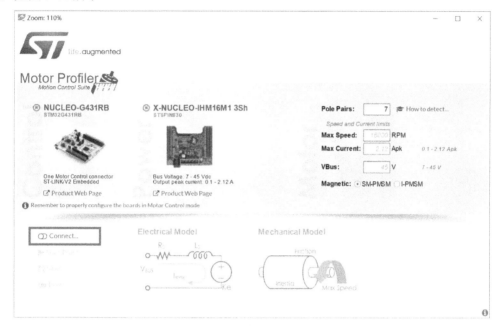

图 3-79　连接开发板与软件

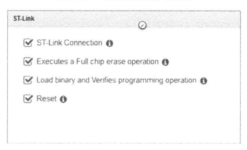

图 3-80　连接成功的状态框

若显示其他提示信息，则根据提示内容检查相关问题，常见问题如下。

① 检测不到 ST-LINK。

② 检测不到串口。

③ 要连接的板子和所选的不同。

④ ST-LINK 安装的固件版本需要更新。

⑤ 测量期间电机负载变化太快。

⑥ 测量阶段时间过长。

（4）测量参数。

开发板与软件连接成功后，单击"Start Profile"按钮开始进行电机参数测量，如图 3-81 所示。测量过程如图 3-82 所示。

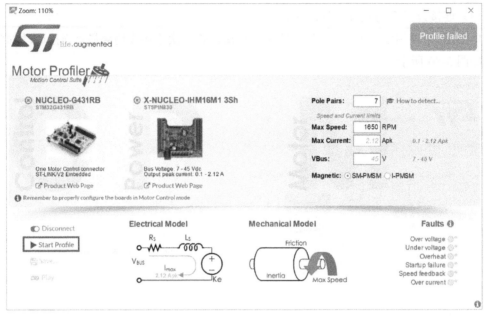

图 3-81　开始进行电机参数测量

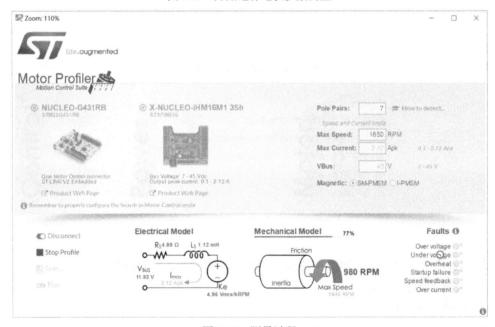

图 3-82　测量过程

　　测量结果如图 3-83 所示。测量结束后，电机的参数会以不同颜色显示出来，包括电阻 R_S、电感 L_S、电势系数 K_e 等。若颜色为绿色，则说明精度可靠；若有一个或多个结果的颜色为橙色，则需检查硬件设置，并重新启动 ST Motor Profiler。测量成功后可单击"Save"按钮，将电机参数保存到 C:\Users\name\.st_motor_control\user_motors 目录下，以供 ST Motor Control Workbench 使用。

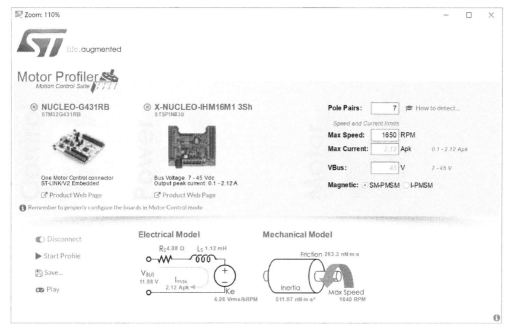

图 3-83　测量结果

3.6.4　ST MC SDK 5.x 固件

1）电机控制 SDK 概述

在使用 ST MC SDK 5.x 固件时需要对软件整体进行了解。STM32 电机控制固件架构如图 3-84 所示，从图中可以看到三重架构，从下到上分别是外设层、电机库层、电机应用层。最下层为芯片外设库，芯片外设库使用 ST HAL/LL 库，可被各个层级调用，针对芯片的每种外设都有提供对应的库函数，需要结合使用说明调用这些库函数。芯片外设对应的库函数如图 3-85 所示。我们必须掌握的外设有 TIMER、ADC、GPIO。电机库层是主要的电机 FOC 控制层，包含 FOC 算法、单片机外设配置、中断机制等各个环节。最上层为电机应用层，供用户直接使用电机库，且不需关心底层是如何实现的，加快用户程序开发，一般用户只需要熟练掌握电机应用层的 API 即可。

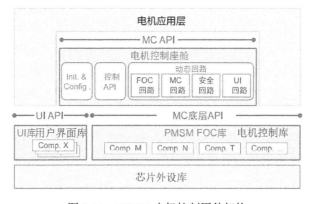

图 3-84　STM32 电机控制固件架构

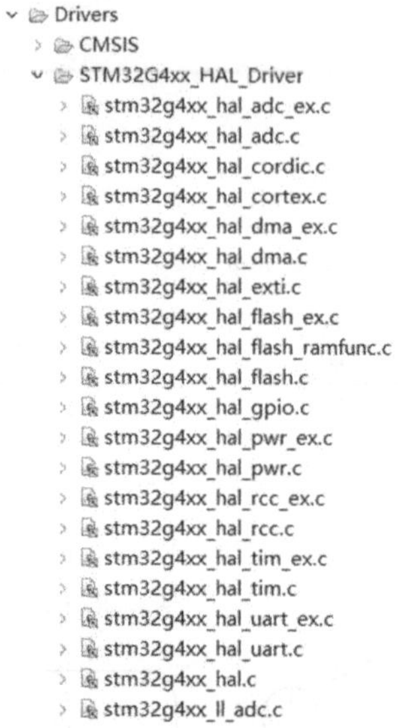

图 3-85　芯片外设对应的库函数

ST MC SDK 5.x 固件主要由电机控制座舱、电机控制库和用户界面库构成。其中，电机控制库是底层的组件库，由被称为组件的单元组成，每一个组件是完成特定功能的一个零件。电机控制座舱把这些组件有机地结合起来去完成整个电机控制的功能。用户界面库用于界面调试通信，通过 DAC、UART 等为开发者提供一组人机交互的工具，例如，用户和 Workbench 之间的交互就是通过用户界面库实现的。

（1）电机控制座舱。

电机控制座舱将软件组件集成到 MC 固件子系统中，并实现调节回路。它实例化、配置和连接在 PMSM FOC 库和用户界面库中为用户应用选择的固件组件。根据应用特征，电机控制座舱代码由 STM32CubeMX 产生，所以电机控制座舱代码只包含所需内容，易于读取。

电机控制座舱由电机控制动态、电机控制配置和电机控制接口三部分组成，如图 3-86 所示。电机控制动态实现对电机的动态性能的控制，包括 FOC 控制环路（高频任务）、电机控制环路（中频任务）、安全控制环路（安全任务）。电机控制配置实例化并配置所有需要的组件。电机控制接口通过 MC API 来实现，它是提供给应用的主要且最直接的接口，用户可以通过这组 API 安全高效地控制电机的运行。在图 3-86 中，虚线方框内为可选择组件，实线框内均为主要组件，可以看到，整个控制围绕着电机控制系统的各个方面。

从图 3-86 中可以看出，电机控制动态的三个环路构成了底层驱动部分，对于整体程序控制流程，电机控制库的控制过程都发生在中断中，区别于普通程序控制流程，且无任务调度。这样可以做到电机实时控制，因此整个 STM32 产品都可用于 FOC 控制。

电机控制座舱是为提供用户可直接使用的电机库而准备的，各种 API 函数可供用户调用。简单的应用直接使用这些 API 函数就能够实现，用户不需要关心底层如何操作，只需要关注自身需要实现哪些必要的功能，从而使得项目开发更加快速有效。表 3-1 所示为可以直接使用的 API 函数。

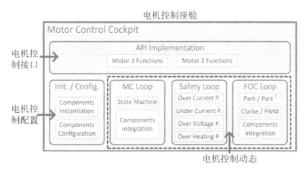

图 3-86　电机控制座舱组成

表 3-1　可以直接使用的 API 函数

函 数 名 称	函 数 参 量	函 数 返 回 值	函 数 功 能
MC_StartMotor1	void	bool	启动电机
MC_StopMotor1	void	bool	停止电机
MC_ProgramSpeedRampMotor1	speed, time	void	速度斜坡编程，设定速度及时间
MC_ProgramTorqueRampMotor1	torque, time	void	转矩斜坡编程
MC_SetCurrentReferenceMotor1	Iqref, Idref	void	设定 I_q, I_d 参考
MC_GetCommandStateMotor1	void	MCI_CommandState_t	返回指令执行状态
MC_StopSpeedRampMotor1	void	bool	停止速度指令执行
MC_HasRampCompletedMotor1	void	bool	指令是否执行完成
MC_GetMecSpeedReferenceMotor1	void	int 16	返回机械参考速度
MC_GetMecSpeedAverageMotor1	void	int 16	返回平均机械速度
MC_GetLastRampFinalSpeedMotor1	void	int 16	返回上次指令速度
MC_GetControlModeMotor1	void	STC_Modality_t	返回电机控制模式
MC_GetImposedDirectionMotor1	void	int 16	返回电机转动方向
MC_GetSpeedSensorReliabilityMotor1	void	bool	返回当前速度传感器是否可靠
MC_GetPhaseCurrentAmplitudeMotor1	void	I_S	返回相电流振幅
MC_GetPhaseVoltageAmplitudeMotor1	void	V_S	返回相电压振幅
MC_GetIabMotor1	void	I_a, I_b	返回 a,b 相电流
MC_GetIalphabetaMotor1	void	I_α, I_β	返回 Clark 变换后的 I_α, I_β
MC_GetIqdMotor1	void	I_d, I_q	返回 Park 变换后的 I_d, I_q
MC_GetIqdrefMotor1	void	Idref, Iqref	返回 I_d, I_q 参考
MC_GetVqdMotor1	void	V_d, V_q	返回变换电压量 V_d, V_q
MC_GetValphabetaMotor1	void	V_α, V_β	返回变换电压量 V_α, V_β
MC_GetElAngledppMotor1	void	Angle dpp	返回电角度 DPP 数据
MC_GetTerefMotor1	void	Iqref	返回电流参考
MC_SetIdrefMotor1	Idref	void	设定电流 I_d 参考
MC_Clear_IqdrefMotor1	void	void	I_q, I_d 数据回到默认值
MC_AcknowledgeFaultMotor1	void	bool	清楚异常状态
MC_GetOccurredFaultsMotor1	void	Fault	得到最近的电机控制故障

续表

函 数 名 称	函 数 参 量	函数返回值	函 数 功 能
MC_GetCurrentFaultsMotor1	void	Fault	得到当前的 Fault 状态
MC_GetSTMStateMotor1	void	State	得到电机控制状态机的状态

（2）电机控制库。

电机控制库是软件组件的集合，每一个组件实现电机控制的一个功能。例如，速度和位置监测、电流检测、PID 算法等。组件是一个自给自足的软件单元，包含一个结构体，在结构体中定义了能完成此组件功能的数据变量，结构体中放置的数据是表征该组件并调整其行为的参数，它们充分描述了组件状态。通过定义一种类型来将这些数据保持在一起，该类型的变量用作组件实例上的句柄。另外还包含一系列的函数，这些函数通过操作结构体中的数据变量来实现组件的功能。具有句柄和函数的组件如图 3-87 所示。组件通常包含一个.c 文件和一个.h 文件。结构体以"组件名缩写+_Handle_t"命名，函数以"组件名缩写+函数功能"命名，组件使得实现多个给定功能变得很简单。

图 3-87　具有句柄和函数的组件

X-CUBE-MCSDK_5.x 中的组件如表 3-2 所示。其中，序号为 1～22 的组件以源程序的方式提供，序号为 23～29 的组件以库的形式提供，可以根据提供的头文件从库里调用相应函数。

表 3-2　X-CUBE-MCSDK_5.x 中的组件

序　号	源 文 件	描　述
1	bus_voltage_sensor.c	母线电压
2	circle_limitation.c	电压极限限制
3	enc_align_ctrl.c	编码器初始定位控制
4	encoder_speed_pos_fdbk.c	编码器传感器相关
5	hall_speed_pos_fdbk.c	Hall 传感器相关
6	inrush_current_limiter.c	浪涌电流限制
7	mc_math.c	数学计算
8	mc_interface.c	电机控制底层接口
9	motor_power_measurement.c	平均功率计算
10	ntc_temperature_sensor.c	NTC 温度传感
11	open_loop.c	开环控制
12	pid_regulator.c	PID 环路控制
13	pqd_motor_power_measurement.c	功率计算
14	pwm_common.c	TIMER 同步使能
15	pwm_curr_fdbk.c	SVPWM，ADC 设定相关接口
16	r_divider_bus_voltage_sensor.c	实际母线电压采集
17	virtual_bus_voltage_sensor.c	虚拟母线电压

续表

序　号	源 文 件	描　述
18	ramp_ext_mngr.c	无传感开环转闭环控制
19	speed_pos_fdbk.c	速度传感接口
20	speed_torq_ctrl.c	速度力矩控制
21	state_machine.c	电机状态相关
22	virtual_speed_sensor.c	无传感开环运行相关
23	fast_div.c	快速软件除法
24	feed_forward_ctrl.c	前馈控制
25	flux_weakening_ctrl.c	弱磁控制
26	max_toque_per_ampere.c	最大转矩控制
27	sto_cordic_speed_pos_fdbk.c	速度和位置反馈 cordic
28	sto_pll_speed_pos_fdbk.c	速度和位置反馈 PLL
29	revup_ctrl.c	启动控制

一般来说，普通应用不会涉及电机控制库，只有当 API 层已经无法满足电机控制的需求时才会考虑修改这个部分，但在对电机运行框架非常熟悉的前提下才能进行修改。

（3）用户界面库。

用户界面库是负责通信的组件。电机控制代码通过这些组件控制串口和 DAC 与外界通信。通过用户界面库可以连接 MCU 和 Workbench，在 Workbench 中实现对电机运行状态的监控。

2）电机控制应用工作流

使用 STM32 电机控制 SDK 的电机控制软件应用设计通常从 MC Workbench 开始。在 SDK 的使用过程中，电机本体、电机控制硬件板、控制引脚、控制策略在 MC Workbench 中配置完成，顺序为 MC Workbench、STM32CubeMX 工程、电机库代码（芯片外设库+电机控制库+电机控制座舱+用户界面库+系统初始化），该生成代码加入简单 API 后（如 MC_StartMotor1）可以直接运行对应的电机，当需要细化控制或复杂控制时才有可能会修改电机控制座舱或电机控制库中的代码。

电机控制固件在开发环境中的应用如图 3-88 所示。MC WB 从 PMSM FOC 库中选择适当的固件组件，计算其配置参数，生成 STM32CubeMX 项目文件，并使用此项目执行 STM32CubeMX。执行的结果是生成了完整的软件项目，包括让电机旋转的应用的源代码和库。该软件项目可在从工作台上选择的 IDE 中直接打开。

STM32CubeMX 生成的代码使用 MC WB 提供的参数来配置控制应用电机所需的所有外设。此代码还可初始化 MC 固件子系统、设置 STM32 时钟和中断处理程序，以便正确控制电机。用户可以修改生成的软件项目，添加自己的代码。

对于上述工作流程，用户看到的工具只有 STM32MC WB。这对许多应用来说已经足够。如果用户还需要调整影响 STM32 电机控制的其他系统方面，那么可以直接使用 STM32CubeMX，即首先加载 STM32CubeMX 中 MC WB 所生成的项目，然后进行想要的修改，最终再次生成项目。

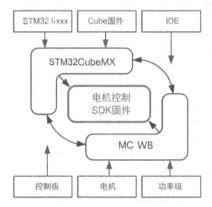

图 3-88　电机控制固件在开发环境中的应用

3.7　STM Studio

3.7.1　下载和安装

（1）打开 ST 官网主页，在搜索框中选择"Tools & Software"类别，搜索"STM Studio"。检索结果界面如图 3-89 所示，单击"STM-STUDIO-STM32"按钮（请注意将语言切换成中文），然后单击"获取软件"选项卡，跳转到 STM-STUDIO-STM32 下载界面，如图 3-90 所示，单击"Get latest"按钮进行下载。

产品型号 ≑	状态 ≑	类型 ≑	分类 ≑	描述 ≑
STM-STUDIO-STM8	ACTIVE	Development Tools	Software Development Tools	STM8微控制器的STM Studio运行时间变量监控和可视化工具
NanoEdgeAIStudio	ACTIVE	Development Tools	Software Development Tools	面向STM32开发人员的自动化机器学习（ML）工具
STM-STUDIO-STM32	NRND	Development Tools	Software Development Tools	STM32微控制器的STM Studio运行时间变量监控和可视化工具
TrueSTUDIO	NRND	Development Tools	Software Development Tools	STM32项目的强大C/C++集成开发工具，基于Eclipse

4 tools & software: STM studio　显示和跳塞列

图 3-89　检索结果界面

图 3-90　STM-STUDIO-STM32 下载界面

（2）进入安装流程后，根据提示逐步完成安装。STMStudio 的安装过程如图 3-91～图 3-97 所示。

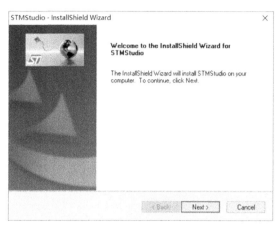

图 3-91　STMStudio 的安装过程（1）

第一次安装的时候会弹出如图 3-92 和图 3-93 所示的对话框，要求下载安装 Java Runtime Environment，根据提示进行安装即可。

图 3-92　STMStudio 的安装过程（2）

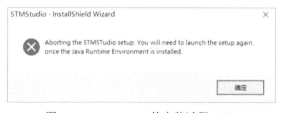

图 3-93　STMStudio 的安装过程（3）

图 3-94　STMStudio 的安装过程（4）

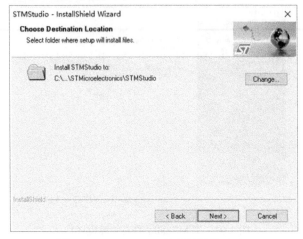

图 3-95　STMStudio 的安装过程（5）

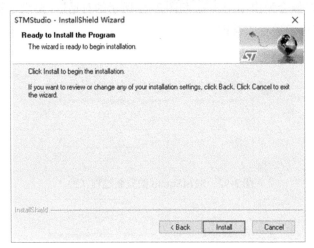

图 3-96　STMStudio 的安装过程（6）

图 3-97　STMStudio 的安装过程（7）

（3）安装完成后打开软件，STM Studio 的主界面如图 3-98 所示。

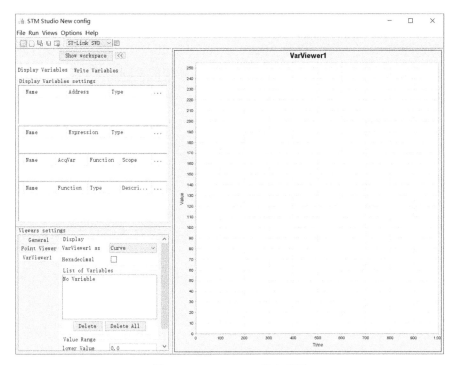

图 3-98　STM Studio 的主界面

3.7.2　操作简介

STM Studio 主界面的功能分区如图 3-99 所示。

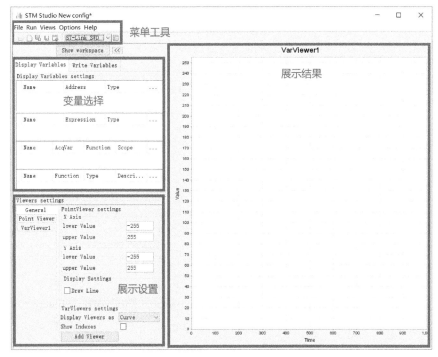

图 3-99　STM Studio 主界面的功能分区

　　在右键菜单中选择"Import"命令，打开"Import variables from executable"对话框，单击文本框右侧的"..."按钮，打开"Select executable file"对话框，选择要打开的文件，导入变量，如图 3-100 所示。然后单击"Selection"栏中的"Import"按钮，如图 3-101 所示。以上过程为 STM Studio 导入变量的过程。

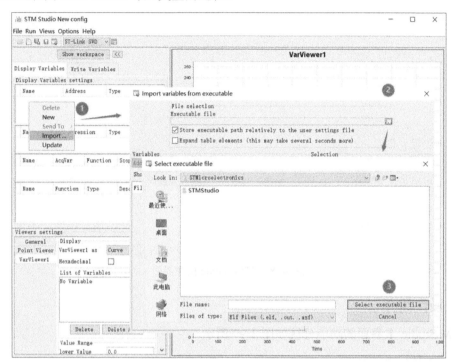

图 3-100　导入变量

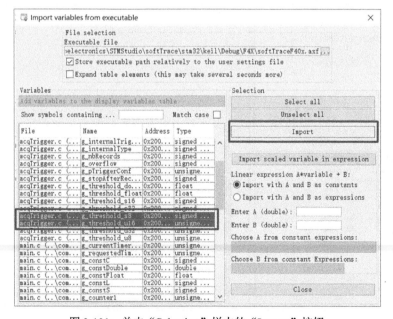

图 3-101　单击"Selection"栏中的"Import"按钮

STM Studio 变量监测如图 3-102 所示。在右键菜单中选择"Send To"→"VarViewer1"命令，可以在"VarViewer1"窗格中查看变量的数值；在"Viewers settings"栏中，可以在"Display"→"VarViewer1 as"下拉列表中选择变量的展现形式。

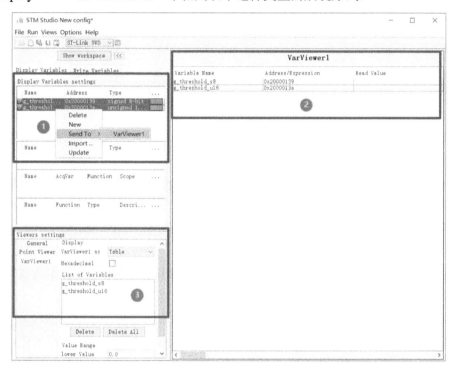

图 3-102　STM Studio 变量监测

第 **4** 章

NUCLEO-G431RB 基础实验

经过前 3 章的学习，我们对 STM32G4 开发的硬件和软件平台都有了整体上的认识和了解。STM32G4 的内部资源非常丰富，对初学者来说，快速入手有难度。本章将通过实验，从最简单的外设开始，由浅入深，带领读者逐步学习 STM32G4 的入门使用。本章共分为 6 小节，每小节即一个实验，每个实验都配有详细的步骤和解释，手把手教读者如何使用 STM32G4 的各种外设。具体内容包括 LED 点灯实验、定时器 PWM 应用实验、外部中断实验、串行接口应用实验、数/模转换应用实验和互补 PWM 输出实验。

实验注意事项如下：

① 在实验接线之前，要根据电路原理图的布局、操作简单及安全的原则摆放好所有仪器，将要调节的仪器放在离自己比较近的位置。

② 当某个 IO 口用作其他用途时，请先查看开发板的原理图，确认该 IO 口是否已连接在开发板的某个外设上。若已连接，则进一步确认该外设的信号是否会对此次使用造成干扰，若没有干扰，则可以使用该 IO 口。

③ 在上电之前，请注意板子上的跳线帽及板子与板子之间的连接方式，若跳线帽或板子之间的连接方式不对，则会导致其功能无法正常使用，或者损坏电路板。

④ 在实验过程中，一旦发现有特殊情况，如短路、导线着火等，必须马上断开电源。

⑤ 在实验过程中，当需要取下控制板上的某些短路帽时，务必记住其所在的位置，并在实验结束后将短路帽放回原处，以免造成开发板损坏或影响开发板正常使用。

4.1 LED 点灯实验

1）实验目标

按下按键后，实现 LED 灯闪烁。

2）实验条件

（1）硬件平台：NUCLEO-G431RB。

（2）软件平台：STM32CubeMX 和 Keil μVision5（MDK-ARM）。

3）实验步骤

（1）创建新项目。

方法 1：打开 STM32CubeMX 软件，新建工程并选择 MCU，如图 4-1 所示。单击 "ACCESS TO MCU SELECTOR" 按钮，进入 MCU 选择界面，选择 MCU 具体型号，如图 4-2 所示。

在"Part Number"文本框中输入"STM32G431RB",然后双击"STM32G431RBTx"。

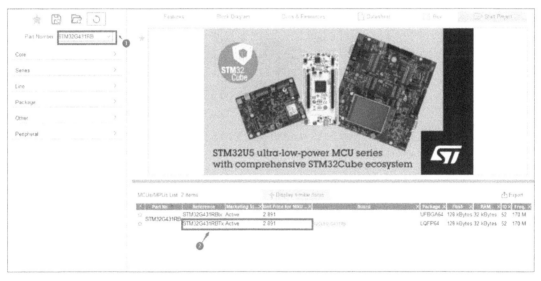

图 4-1　新建工程并选择 MCU

图 4-2　选择 MCU 具体型号

方法 2:打开 STM32CubeMX 软件,新建工程并选择开发板,如图 4-3 所示。单击"ACCESS TO BOARD SELECTOR"按钮,进入开发板选择界面,选择开发板具体型号,如图 4-4 所示。在"Commercial Part Number"文本框中输入"NUCLEO-G431RB",然后双击"NUCLEO-G431RB"。

(2)配置引脚。

完成步骤(1)后,会进入"Pinout & Configuration"视图,如图 4-5 所示。在右下角的搜索框中搜索 PA5 引脚,并将其设置为"GPIO_Output",如图 4-6 所示。

图 4-3   新建工程并选择开发板

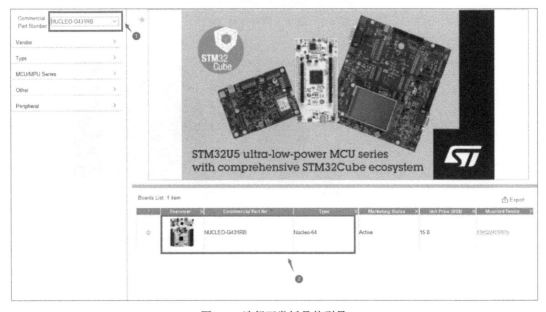

图 4-4   选择开发板具体型号

（3）生成代码。

① 单击"Project Manager"选项卡，进入工程配置界面，如图 4-7 所示。

② 输入项目名称，选定项目存储位置。

③ 将"Toolchain / IDE"设定为"MDK-ARM"，版本选择自己电脑安装的版本。

④ 单击右上角的"GENERATE CODE"按钮，即可生成代码。

⑤ 代码加载完毕后，弹出"Code Generation"对话框，如图 4-8 所示，表示代码生成。

单击"Open Project"按钮，进入 Keil μVision5。

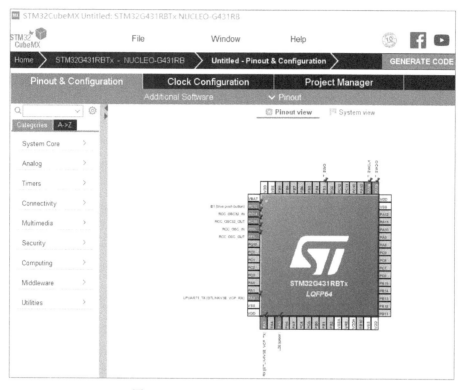

图 4-5　"Pinout & Configuration" 视图

图 4-6　将 PA5 引脚设置为 "GPIO_Output"

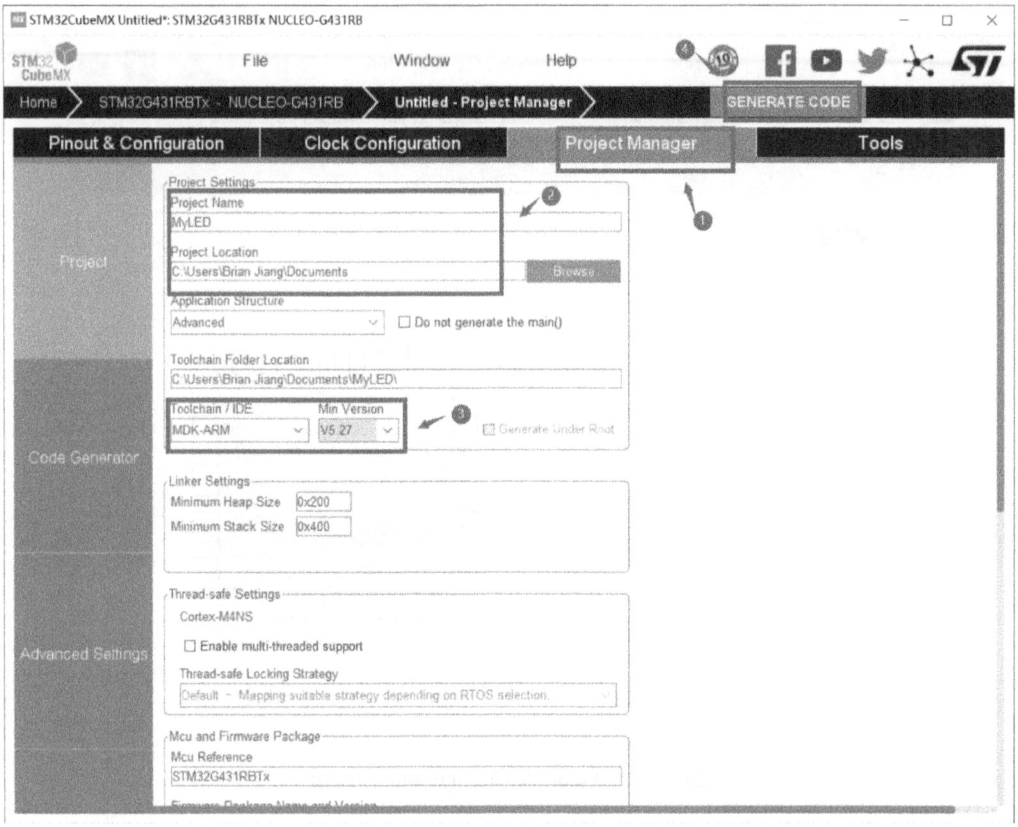

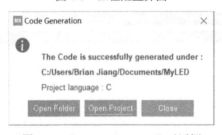

图 4-7　工程配置界面

图 4-8　"Code Generation"对话框

（4）代码的编辑、编译与调试。

代码的编辑如图 4-9 所示。在 Keil µVision5 中的 Application/User/Core 目录下打开 main.c 文件，在/* USER CODE END WHILE */和/* USER CODE BEGIN 3 */之间添加代码。

代码添加完成后，首先单击工具栏中的"Build"按钮对代码进行编译，如图 4-10 所示；然后单击工具栏中的"Download"按钮进行下载烧录，如图 4-11 所示，实现程序的运行。

LED 点灯实验的结果如图 4-12 所示。按下蓝色按键 B1 后，LED2 开始闪烁，每经过 0.1s 变化为相反状态，闪烁周期为 0.2s。

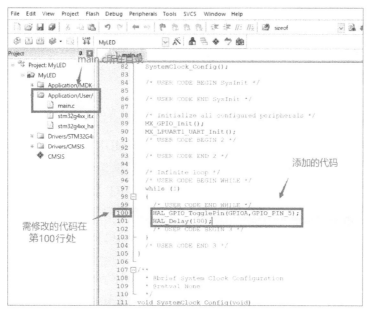

图 4-9　代码的编辑

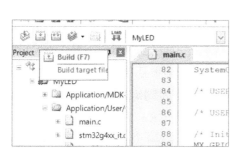

图 4-10　对代码进行编译

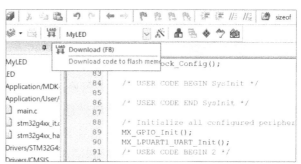

图 4-11　下载烧录

图 4-12　LED 点灯实验的结果

4.2 定时器 PWM 应用实验

1）实验目标

利用定时器（Timer）实现 LED 灯的闪烁。

2）实验条件

（1）硬件平台：NUCLEO-G431RB。

（2）软件平台：STM32CubeMX 和 Keil μVision5（MDK-ARM）。

3）定时器简介

定时器最基本的功能就是定时，如定时发送 USART 数据、定时采集 AD 数据等。如果把定时器与 GPIO 结合起来使用，那么可以实现非常丰富的功能，如测量输入信号的脉冲宽度、生产输出波形等。定时器生成 PWM 控制电机状态是工业控制采用的普遍方法。

NUCLEO-G431RB 具有丰富的定时器资源，包括 2 个高级定时器（TIM1 和 TIM8）、6 个通用定时器（TIM2～TIM4 和 TIM15～TIM17）和 2 个基本定时器（TIM6 和 TIM7）。

定时器要实现计数必须有时钟源，基本定时器的时钟源只能来自内部，高级定时器和通用定时器还可以选择外部时钟源，或者直接使用来自其他定时器的等待模式。

定时器/计数器的原理框图如图 4-13 所示。当 GATE=1 时，与门的输出信号 K 由 $\overline{INTx}$ 输入电平和 TRx 位的状态一起决定（此时 K=TRx· $\overline{INTx}$），当且仅当 TRx=1，$\overline{INTx}$=1（高电平）时，计数器运行；否则，计数器停止。当 $\overline{INT0}$ 引脚为高电平且 TR0 置位时，TR0=1，启动定时器 T0；当 $\overline{INT1}$ 引脚为高电平且 TR1 置位时，TR1=1，启动定时器 T1。当 GATE=0 时，或门输出恒为 1，与门的输出信号 K 由 TRx 决定（此时 K=TRx），定时器不受 $\overline{INTx}$ 输入电平的影响，TRx 直接控制定时器的启动和停止。

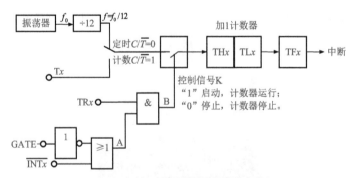

图 4-13　定时器/计数器的原理框图

在对定时器进行编程时常用的函数如表 4-1 所示。

表 4-1　在对定时器进行编程时常用的函数

函 数 名 称	函 数 功 能
HAL_TIM_Base_Init()	初始化定时器时基单元
HAL_TIM_Base_DeInit()	禁用定时器，与初始化相反

续表

函 数 名 称	函 数 功 能
HAL_TIM_Base_MspInit()	基本定时器硬件初始化配置
HAL_TIM_Base_MspDeInit()	基本定时器硬件反初始化配置
HAL_TIM_Base_Start()	启动定时器
HAL_TIM_Base_Stop()	停止定时器
HAL_TIM_Base_Start_IT()	以中断模式启动定时器
HAL_TIM_Base_Stop_IT()	关闭中断模式的定时器
HAL_TIM_Base_Start_DMA()	以 DMA 模式启动定时器
HAL_TIM_Base_Stop_DMA()	关闭 DMA 模式的定时器

4）中断资源

NUCLEO-G431RB 具有 102 个可屏蔽高端通道（不包括 Cortex-M4F 的 16 根中断线）、16 个可编程优先级（使用 4 位中断优先级）、低延迟异常和中断处理。同时具有电池管理控制功能，实现系统控制寄存器。

在编写程序的过程中，当需要使用定时器时，先使能定时器，并调节定时器的频率，然后才可以对定时器的相关功能进行编程。定时器的使能配置如图 4-14 所示。

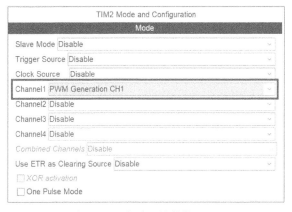

图 4-14　定时器的使能配置

5）实验步骤

（1）创建新项目。

与 4.1 节中的实验步骤（1）相同，创建一个新项目，此处采用方法 1。打开 STM32CubeMX 软件，新建工程并选择 MCU，如图 4-15 所示。单击"ACCESS TO MCU SELECTOR"按钮，进入 MCU 选择界面，选择 MCU 具体型号，如图 4-16 所示。在"Part Number"文本框中输入"STM32G431RB"，然后双击"STM32G431RBTx"。

（2）配置 TIM2 与引脚。

① 图 4-17 所示为配置 TIM2。配置 TIM2 的"Channel"为"PWM Generation CH1"。

图 4-15　新建工程并选择 MCU

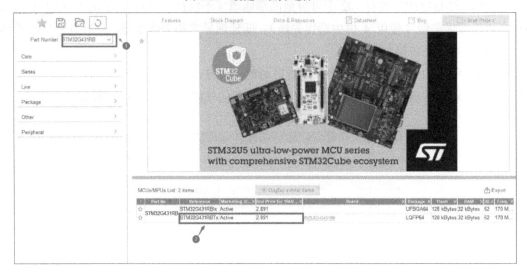

图 4-16　选择 MCU 具体型号

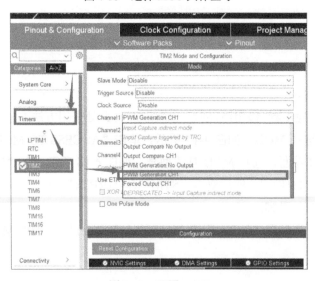

图 4-17　配置 TIM2

② 图 4-18 所示为配置 PA5 引脚。将 TIM2_CH1 重新映射到 PA5 引脚（默认为 PA0 引脚）。

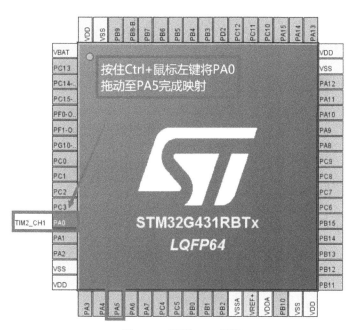

图 4-18　配置 PA5 引脚

③ 设定 TIM2 的时钟频率为 64MHz，如图 4-19 所示。

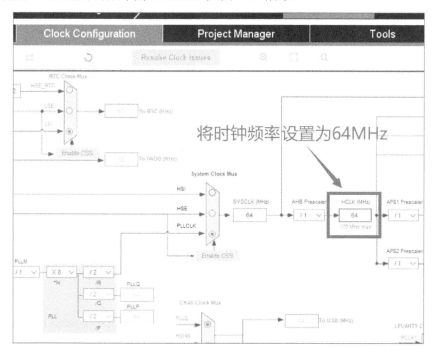

图 4-19　设定 TIM2 的时钟频率

④ 设置频率为 1Hz、占空比为 50% 的 PWM。图 4-20 所示为设置定时器参数，将 Prescaler

（PSC）、Counter Period（ARR）与 Pulse 分别设为 1023、62499 与 31250。PWM 的频率 $\text{PWM}_f = \dfrac{\text{TIM}_f}{(\text{PSC}+1)\cdot(\text{ARR}+1)}$ ，占空比=Pulse/ARR，可以根据 PWM 需要的频率和占空比改变定时器的相关参数。

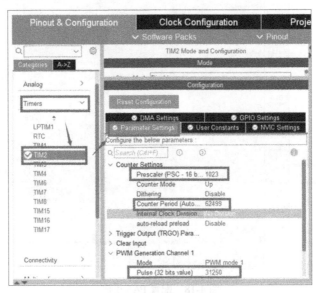

图 4-20　设置定时器参数

（3）生成代码。

① 单击"Project Manager"选项卡，进入工程配置界面，如图 4-21 所示。

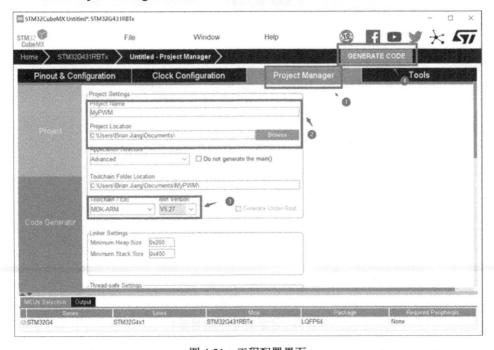

图 4-21　工程配置界面

② 输入项目名称，选定项目存储位置。

③ 将"Toolchain / IDE"设定为"MDK-ARM"，版本选择自己电脑安装的版本。

④ 单击右上角的"GENERATE CODE"按钮，即可生成代码。

⑤ 代码加载完毕后，弹出"Code Generation"对话框，如图 4-22 所示，表示代码生成。单击"Open Project"按钮，进入 Keil μVision5。

图 4-22 "Code Generation"对话框

（4）代码的编辑、编译与调试。

① 单击展开"Project:MyPWM"→"MyPWM"→"Application/User/Core"文件夹，双击打开 main.c 文件，对代码进行编辑，如图 4-23 所示。

② 在/* USER CODE BEGIN 2 */与/* USER CODE END 2 */两行代码之间添加代码"HAL_TIM_PWM_Start(&htim2,TIM_CHANNEL_1);"，如图 4-24 所示。

图 4-23 对代码进行编辑

```
89      MX_GPIO_Init();
90      MX_TIM2_Init();
91      /* USER CODE BEGIN 2 */
92      HAL_TIM_PWM_Start(&htim2,TIM_CHANNEL_1);
93      /* USER CODE END 2 */
```

图 4-24 添加代码

③ 代码添加完成后，首先单击"Build"按钮对代码进行编译，然后单击"Download"按钮进行下载烧录，即可实现程序的运行。编译及下载烧录如图 4-25 所示。

图 4-25 编译及下载烧录

定时器 PWM 应用实验的结果如图 4-26 所示，LED 灯以 1Hz、50%占空比开始闪烁（1s 闪烁一次）。

图 4-26　定时器 PWM 应用实验的结果

4.3　外部中断实验

1）实验目标

利用外部中断，通过按钮来改变 LED 灯的状态。

2）实验条件

（1）硬件平台：NUCLEO-G431RB。

（2）软件平台：STM32CubeMX 和 Keil μVision5（MDK-ARM）。

3）实验步骤

（1）创建新项目。

与 4.1 节中的实验步骤（1）相同，创建一个新项目，此处采用方法 2。打开 STM32CubeMX 软件，新建工程并选择开发板，如图 4-27 所示。单击"ACCESS TO BOARD SELECTOR" 按钮，进入开发板选择界面，选择开发板的具体型号，如图 4-28 所示。在"Commercial Part Number"文本框中输入"NUCLEO-G431RB"，然后双击"NUCLEO-G431RB"。

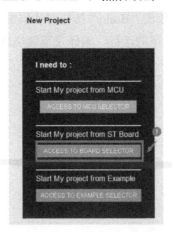

图 4-27　新建工程并选择开发板

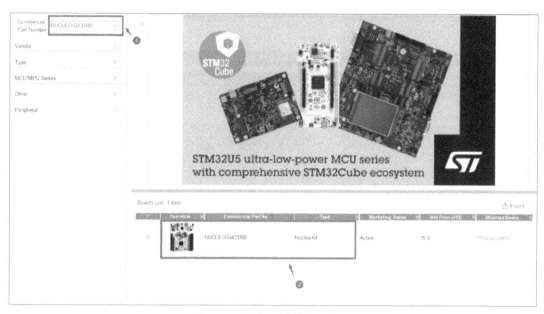

图 4-28　选择开发板的具体型号

（2）配置引脚及中断。

配置引脚 PC13 和 PA5，将 PA5 引脚配置为 "GPIO_Output"，如图 4-29 所示，将 PC13 引脚配置为 "GPIO_EXTI13"，如图 4-30 所示。正常情况下这两个引脚的默认配置就是如此，由 STM32CubeMX 自动配置。

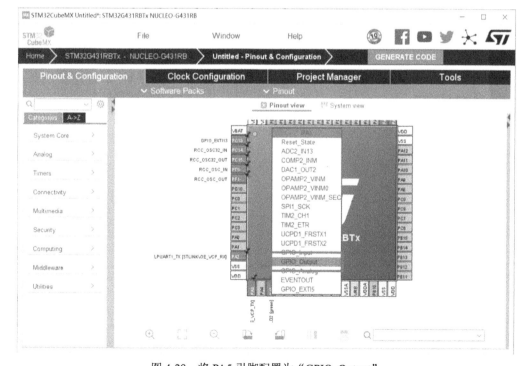

图 4-29　将 PA5 引脚配置为 "GPIO_Output"

图 4-30 将 PC13 引脚配置为 "GPIO_EXTI13"

时钟频率保持默认配置，如图 4-31 所示。

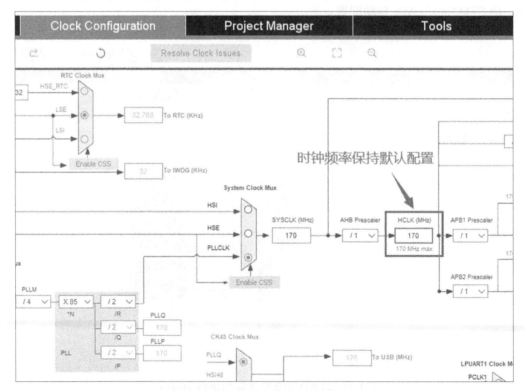

图 4-31 时钟频率保持默认配置

在 "System Core" 下拉列表中选择 "NVIC" 命令, 使能外部中断, 并配置中断优先级。
配置 NVIC 如图 4-32 所示。

图 4-32 配置 NVIC

(3) 生成代码。

① 单击 "Project Manager" 选项卡, 进入工程配置界面, 如图 4-33 所示。

图 4-33 工程配置界面

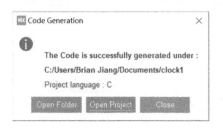

图 4-34　"Code Generation" 对话框

② 输入项目名称，选定项目存储位置。

③ 将 "Toolchain / IDE" 设定为 "MDK-ARM"，版本选择自己电脑安装的版本。

④ 单击右上角的 "GENERATE CODE" 按钮，即可生成代码。

⑤ 代码加载完毕后，弹出 "Code Generation" 对话框，如图 4-34 所示，表示代码生成。单击 "Open Project" 按钮，进入 Keil μVision5。

（4）代码的编辑、编译与调试。

在 Keil μVision5 的 "Project" 窗格中，单击展开 "Project:clock1" → "clock1" → "Application/User/Core" 文件夹，双击打开用户中断函数文件 stm32g4xx_it.c，对外部中断函数进行编辑，如图 4-35 所示，在/* USER CODE BEGIN EXTI15_10_IRQn 1 */ 与/* USER CODE END EXTI15_10_IRQn 1 */之间添加代码。

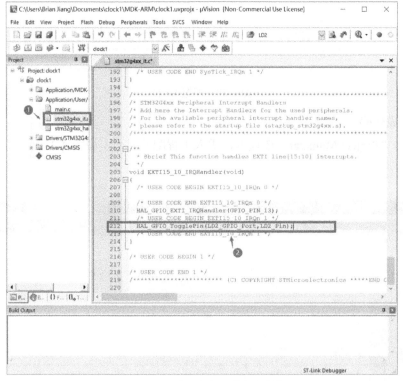

图 4-35　对外部中断函数进行编辑

函数的功能为当蓝色按钮被按下时触发外部中断，LED2 状态翻转。

代码添加完成后，单击工具栏中的 "Options for Target…" 按钮，在弹出的 "Options for Target 'clock1'" 对话框中单击 "Debug" 选项卡下右侧的 "Settings" 按钮，如图 4-36 所示。在弹出的 "Cortex-M Target Driver Setup" 对话框中，首先勾选 "Flash Download" 选项卡下的 "Reset and

Run"复选框，随后单击"确定"按钮，如图 4-37 所示。之后，单击图 4-35 中的"Build"按钮进行代码编译，最后单击"Download"按钮进行代码下载烧录，即可实现程序的运行。

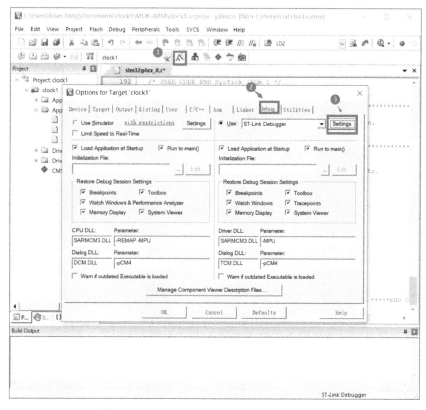

图 4-36　"Options for Target 'clock1'"对话框

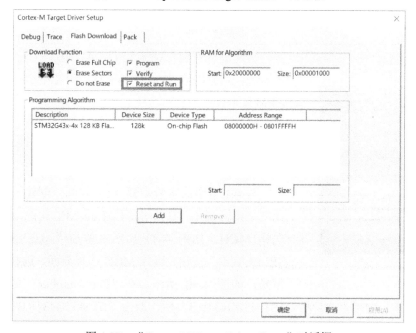

图 4-37　"Cortex-M Target Driver Setup"对话框

外部中断实验的结果如图 4-38 所示，当蓝色按键被按下时触发外部中断，LED2 状态翻转，图 4-38 左图中的 LED2 熄灭，右图中的 LED2 点亮。

图 4-38　外部中断实验的结果

4.4　串行接口应用实验

1）实验目标

通过串口实现驱动板和电脑之间的信息传输，电脑发送一段字符串，驱动板会收到同样的字符串并将其再发送给电脑。

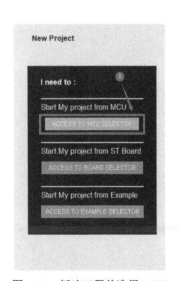

图 4-39　新建工程并选择 MCU

2）实验条件

（1）硬件平台：NUCLEO-G431RB。

（2）软件平台：STM32CubeMX 和 Keil μVision5（MDK-ARM）。

（3）串口调试工具：XCOM。

3）实验步骤

（1）创建新项目。

与 4.1 节中的实验步骤（1）相同，创建一个新项目，此处采用方法 1。打开 STM32CubeMX 软件，新建工程并选择 MCU，如图 4-39 所示。单击"ACCESS TO MCU SELECTOR"按钮，进入 MCU 选择界面，选择 MCU 具体型号，如图 4-40 所示。在"Part Number"文本框中输入"STM32G431RB"后，双击"STM32G431RBTx"。

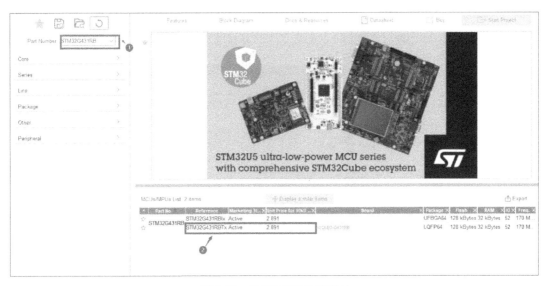

图 4-40　选择 MCU 具体型号

（2）配置引脚与设置串口。

① 将 PA5 引脚配置为"GPIO_Output"，如图 4-41 所示。

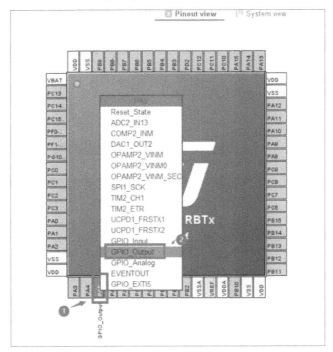

图 4-41　将 PA5 引脚配置为"GPIO_Output"

② 设置 USART1 为"Asynchronous"（异步模式），如图 4-42 所示。

③ 在"Configuration"窗格中的"NVIC Settings"选项卡中，勾选"USART1 global interrupt/ USART1 wake-up interrupt…"后面的"Enabled"复选框，使能中断，如图 4-43 所示。

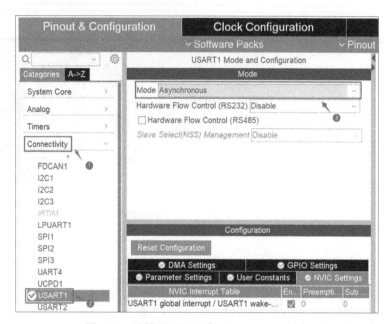

图 4-42　设置 USART1 为 "Asynchronous"

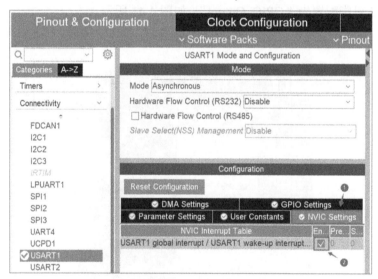

图 4-43　使能中断

（3）生成代码。

① 单击 "Project Manager" 选项卡，进入工程配置界面，如图 4-44 所示。

② 输入项目名称，选定项目存储位置。

③ 将 "Toolchain / IDE" 设定为 "MDK-ARM"，版本选择自己电脑安装的版本。

④ 单击右上角的 "GENERATE CODE" 按钮，即可生成代码。

⑤ 代码加载完毕后，弹出 "Code Generation" 对话框，如图 4-45 所示，表示代码生成。
单击 "Open Project" 按钮，进入 Keil μVision5。

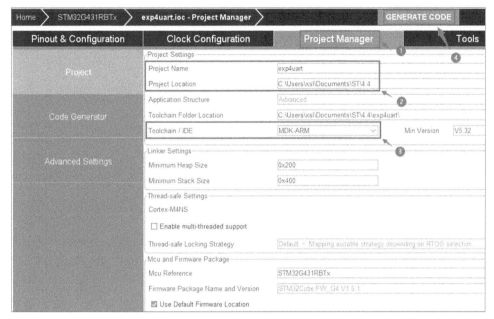

图 4-44　工程配置界面

图 4-45　"Code Generation" 对话框

（4）代码的编辑、编译与调试。

打开 main.c 文件，用户代码区中包含需要的头文件，可以正常使用需要用到的函数。引用头文件代码如图 4-46 所示。

在用户代码区定义变量，如图 4-47 所示。定义的变量用来存储收到的字符串。当字符串的长度超出 256 个字符时，会返回 "more than 256"。

```
24    /* USER CODE BEGIN Includes */
25    #include "string.h"
26    #include <stdio.h>
27    #include <stdlib.h>
28
29    /* USER CODE END Includes */
```

图 4-46　引用头文件代码

```
47    /* USER CODE BEGIN PV */
48    uint8_t aRxBuffer;
49    uint8_t Uart1_RxBuff[256];
50    uint8_t Uart1_Rx_Cnt = 0;
51    uint8_t cAlmStr[] = "more than 256\r\n";
52    /* USER CODE END PV */
```

图 4-47　在用户代码区定义变量

在用户代码区 2 加入串口初始化代码（见图 4-48），对串口进行初始化。

图 4-48　串口初始化代码

在用户代码区加入函数 HAL_UART_RxCpltCallback(UART_HandleTypeDef *huart)，实

现发送功能，如图 4-49 所示。

```
225  /* USER CODE BEGIN 4 */
226  void HAL_UART_RxCpltCallback(UART_HandleTypeDef *huart)
227  {
228      /* Prevent unused argument(s) compilation warning */
229      UNUSED(huart);
230      /* NOTE: This function Should not be modified, when the callback is needed,
231               the HAL_UART_TxCpltCallback could be implemented in the user file
232      */
233  if(Uart1_Rx_Cnt >= 255) //溢出判断
234  {
235      Uart1_Rx_Cnt = 0;
236      memset(Uart1_RxBuff,0x00,sizeof(Uart1_RxBuff));
237      HAL_UART_Transmit(&huart1, (uint8_t *)&cAlmStr, sizeof(cAlmStr),0xFFFF);
238  }
239  else
240  {
241      Uart1_RxBuff[Uart1_Rx_Cnt++] = aRxBuffer;//接收数据转存
242      //判断结束位
243  if((Uart1_RxBuff[Uart1_Rx_Cnt-1] == 0x0A)&&(Uart1_RxBuff[Uart1_Rx_Cnt-2] == 0x0D))
244  {
245      //将收到的信息发送出去
246      HAL_UART_Transmit(&huart1, (uint8_t *)&Uart1_RxBuff, Uart1_Rx_Cnt,0xFFFF);
247      Uart1_Rx_Cnt = 0;
248      memset(Uart1_RxBuff,0x00,sizeof(Uart1_RxBuff));//清空数组
249  }
250  }
251      HAL_UART_Receive_IT(&huart1, (uint8_t *)&aRxBuffer, 1);//再开启接收中断
252  }
253  /* USER CODE END 4 */
```

图 4-49　实现发送功能的代码

代码添加完成后，首先单击工具栏中的"Build"按钮进行代码编译，然后单击工具栏中的"Download"按钮进行代码下载烧录。代码的编译、下载烧录如图 4-50 所示。

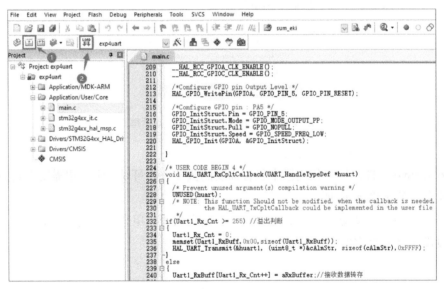

图 4-50　代码的编译、下载烧录

（5）连接串口与通信。

两个 MCU 间的串口通信示意图如图 4-51 所示。Tx 指发送，Rx 指接收，一个 MCU 的 Tx 与另一个 MCU 的 Rx 连接，实现信息的发送和接收。

在本实验中，开发板的 Rx 为 PC5 引脚，使用杜邦线或光缆线将其与电脑的 Tx 连接；电路板的 Tx 为 PC4 引脚，使用同样的方法将其与电脑的 Rx 连接，最后将电脑的地线与板子的 GND 连接。PC4 引脚为 CN10 的 34 号引脚，PC5 引脚为 CN10 的 6 号引脚，GND 为 CN7 的 22 号或 20 号引脚。PC4 和 PC5 引脚的配置如图 4-52 所示。

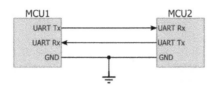

图 4-51　两个 MCU 间的串口通信示意图

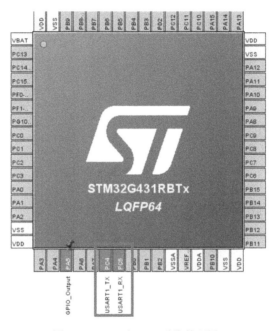

图 4-52　PC4 和 PC5 引脚的配置

图 4-53 所示为 STM32CubeMX 中的串口通信参数。打开串口调试工具，设置串口通信参数，如图 4-54 所示，将各参数与图 4-53 中的参数设置得一致。

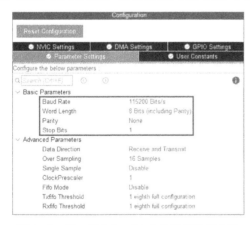

图 4-53　STM32CubeMX 中的串口通信参数　　　　图 4-54　设置串口通信参数

串行接口应用实验的结果如图 4-55 所示。在串口通信工具中进行通信，发送一个字符串，会接收到同样的一个字符串。

图 4-55　串行接口应用实验的结果

4.5　数/模转换应用实验

1）实验目标

先利用 NUCLEO-G431RB 的模数转换器（Analog to Digital Converters，ADC）将检测到的电压转换为数值，然后利用数模转换器（DAC）将某个变换的数值转换为电压，再利用 ADC 检测产生的电压值。

2）实验条件

（1）硬件平台：NUCLEO-G431RB。

（2）软件平台：STM32CubeMX 和 Keil μVision5（MDK-ARM）。

3）ADC 介绍

ADC 可以将各种模拟信号转换为数字信号进行处理。常用的 ADC 有并联比较型 ADC 和逐次逼近型 ADC，NUCLEO-G431RB 中使用的 ADC 是逐次逼近型 ADC，同时 STM32 的 ADC 支持多种转换模式，适用于不同的应用场合。具体的 ADC 参数如表 4-2 所示。

表 4-2　具体的 ADC 参数

功 能 特 征	STM32G4 系列套件的值
ADC 数量	最多 5 个
分辨率	12 位（或 10 位，8 位，6 位），过采样为 16 位
ADC 原理准则	逐次逼近寄存器（SAR）
ADC 时钟频率	最高为 60MHz（当多 ADC 通道处理时最高为 52MHz）
采样速度	最快 4Msps（当多 ADC 通道处理时最快为 3.46Msps）
采样时间	2.5～640.5 个 ADC 时钟周期
供应电压	$V_{DDA} = 1.62\sim3.6V$
触发	外部引脚或内部外围设备（如计时器）
转换模式	单步，连续，扫描选定通道，非连续模式

4）实验步骤

（1）创建新项目。

与 4.1 节中的实验步骤（1）相同，创建一个新项目，此处采用方法 2。打开 STM32CubeMX 软件，新建工程，如图 4-56 所示。单击"New Project"栏中的"ACCESS TO BOARD SELECTOR"按钮，进入开发板选择界面，选择开发板，如图 4-57 所示。在"Commercial Part Number"文本框中输入"NUCLEO-G431RB"，然后双击"NUCLEO-G431RB"。

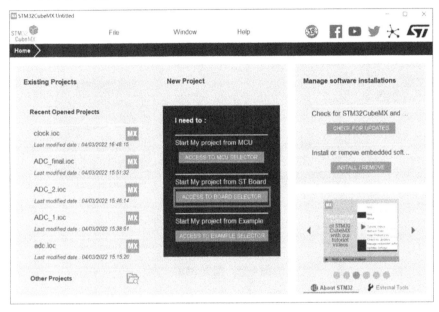

图 4-56　新建工程

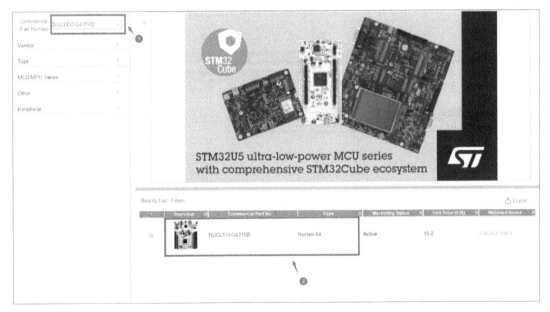

图 4-57　选择开发板

（2）配置 ADC 和 DAC。

配置 ADC 如图 4-58 所示。选择左侧"Analog"下拉列表中的"ADC1"命令，将"IN1"设置为"IN1 Single-ended"，使能 ADC 通道 PA0。

图 4-58　配置 ADC

配置 DAC 如图 4-59 所示。选择左侧"Analog"下拉列表中的"DAC1"命令，将"OUT1 mode"设置为"Connected to external pin only"。

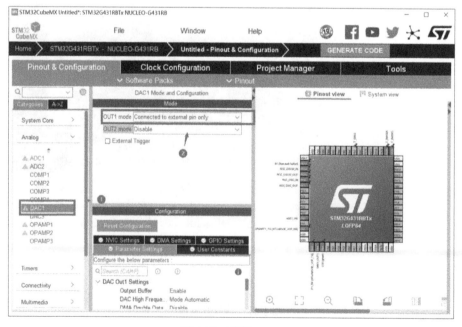

图 4-59　配置 DAC

（3）生成代码。

① 单击"Project Manager"选项卡，进入工程配置界面，如图 4-60 所示。

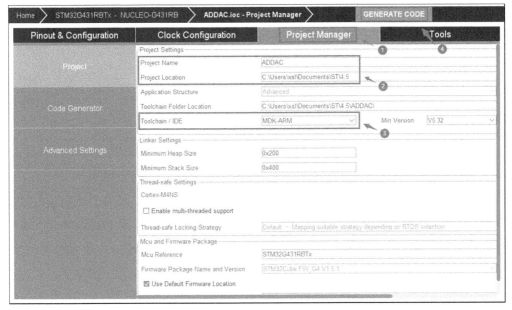

图 4-60　工程配置界面

② 输入项目名称，选定项目存储位置。

③ 将"Toolchain / IDE"设定为"MDK-ARM"，版本选择自己电脑安装的版本。

④ 单击右上角的"GENERATE CODE"按钮，即可生成代码。

⑤ 代码加载完毕后，弹出"Code Generation"对话框，如图 4-61 所示，表示代码生成。
单击"Open Project"按钮，进入 Keil μVision5。

图 4-61　"Code Generation"对话框

（4）代码的编辑、编译与调试。

打开 main.c 文件，用户代码区中包含需要的头文件，引用头文件的代码如图 4-62 所示。

变量用来存储 ADC 得到的数值（value）及 DAC 设置的数值（voltage）。在用户代码
区 0 定义变量，定义变量的代码如图 4-63 所示。

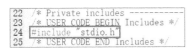 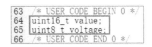

图 4-62　引用头文件的代码　　　　　　　　图 4-63　定义变量的代码

在用户代码区 2 进行初始化配置，初始化代码如图 4-64 所示。

在 while 循环中写入 ADC、DAC 的操作。ADC、DAC 的功能实现代码如图 4-65 所示。ADC 函数的功能是直接读取 PA0 引脚上的模拟值并将其转换为数值；DAC 函数的功能是将变化的 vlotage 值转换为模拟值并在 PA4 引脚处输出。

```
100        /* USER CODE BEGIN 2 */
101    HAL_DAC_Start(&hdac1, DAC_CHANNEL_1);
102    voltage=0;
103    int j=1;
104        /* USER CODE END 2 */
```

图 4-64   初始化代码

```
107        /* USER CODE BEGIN WHILE */
108    while (1)
109    {
110        voltage=voltage+j*128;
111        j=-j;
112        HAL_DAC_SetValue(&hdac1, DAC_CHANNEL_1, DAC_ALIGN_8B_R, voltage);
113        HAL_ADC_Start(&hadc1);
114        HAL_ADC_PollForConversion(&hadc1, 10);
115        value=HAL_ADC_GetValue(&hadc1);
116        HAL_Delay(1000);
117    }
118        /* USER CODE END WHILE */
```

图 4-65   ADC、DAC 的功能实现代码

代码添加完成后，首先单击工具栏中的"Build"按钮进行代码编译，然后单击工具栏中的"Download"按钮进行代码下载烧录，即可实现程序的运行。代码的编译、下载烧录如图 4-66 所示。烧录后记得单击"Reset"按钮来执行新写入的程序。

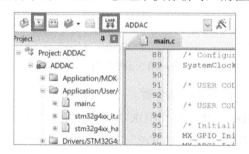

图 4-66   代码的编译、下载烧录

（5）实验结果观察。

① 利用 STM Studio 软件可以实时观察电路板中的变量值，变量值观察窗口如图 4-67 所示。打开 STM Studio，在图 4-67 所示空白区域单击鼠标右键，选择"Import…"命令。

② 在弹出的"Import variables from executable"对话框中，单击"File selection"栏中右侧的省略号按钮，选择.axf 烧录文件，如图 4-68 所示。.axf 烧录文件的位置在 Keil 所建工程的 MDK-ARM 文件夹中。

③ 将"Variables"栏中的垂直滚动条拉至最后，将 value 和 voltage 加入观察项目，如图 4-69 所示，单击"Import"按钮。

④ 在返回的 STM Studio 主界面，选中"Display Variables settings"栏中刚导入的两个变量，单击鼠标右键选择"Send to"→"VarViewer1"命令，此时单击播放按钮就可以实时观察波形。变量波形观察窗口如图 4-70 所示。在左下角的"Display"栏中还可以将观察方式由"Curve"改为"Table"，即将观察波形改为观察数值。

⑤ 将 PA0 引脚与 3.3V 电压引脚相连，观察 ADC 转换的效果，如图 4-71 所示。可以看到，value 的值在 4026 左右，即将电压信号转换为了数值信号。

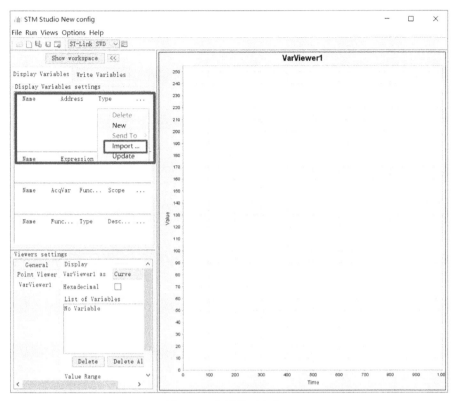

图 4-67　变量值观察窗口

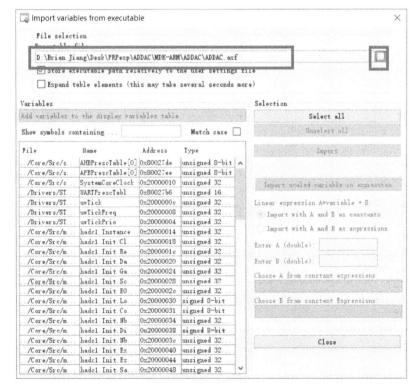

图 4-68　选择.axf 烧录文件

图 4-69　将 value 和 voltage 加入观察项目

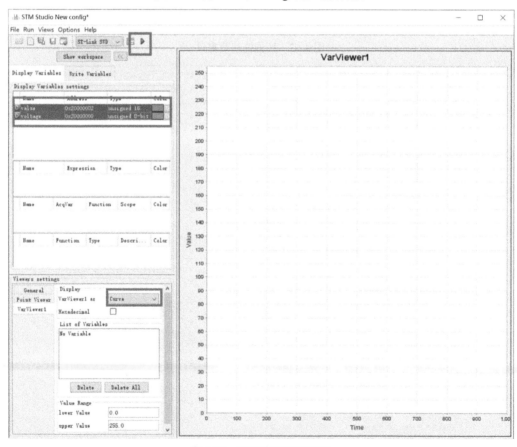

图 4-70　变量波形观察窗口

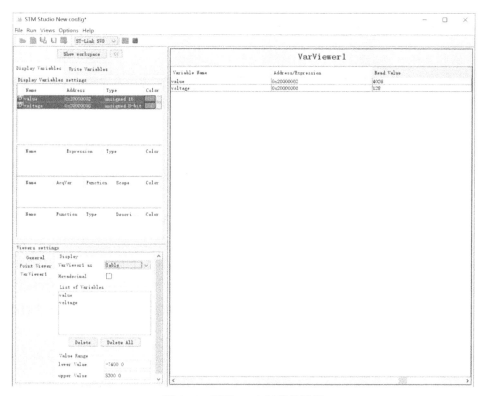

图 4-71　观察 ADC 转换的效果

⑥ 将 PA0 引脚与 PA4 引脚相连，将由 voltage 转换来的电压信号（由 PA4 引脚引出）用 ADC 进行观察，进而实现 DAC 功能。DAC 结果观测如图 4-72 所示。本代码中的 voltage 在 0 和 128 之间跳变，从而产生梯形波。

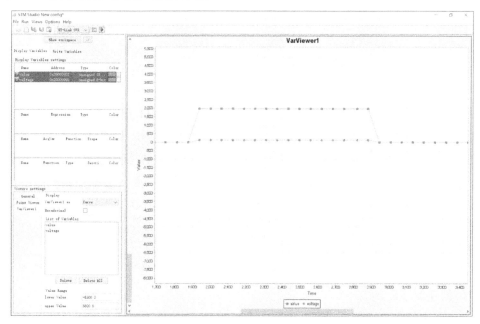

图 4-72　DAC 结果观测

4.6　互补 PWM 输出实验

1）实验目标

利用定时器，在 NUCLEO-G431RB 的引脚上输出一定频率、占空比的 PWM 波形。不仅能在两个引脚上输出互补的 PWM 波形，而且能输出存在死区的互补 PWM 波形。

2）实验条件

（1）硬件平台：NUCLEO-G431RB。

（2）软件平台：STM32CubeMX 和 Keil μVision5（MDK-ARM）。

3）PWM 及死区简介

脉冲宽度调制（Pulse Width Modulation，PWM）简称脉宽调制，是利用微处理器的数字输出来对模拟电路进行控制的一种非常有效的技术。STM32 的定时器中除了 TIM6 和 TIM7，其他均可以用来产生 PWM 输出。因为高级定时器 TIM1 和 TIM8 可以同时产生多达 7 路的 PWM 输出，通用定时器能同时产生多达 4 路的 PWM 输出，所以 STM32G4 最多可以同时产生 28 路的 PWM 输出。本实验中使用定时器 TIM1，其使能配置如图 4-73 所示。

图 4-73　定时器 TIM1 的使能配置

通常，大功率电机、变频器等末端都是由大功率管、IGBT 等元件组成的 H 桥或三相桥。每个桥的上半桥和下半桥一旦同时导通，会导致元件损坏。从理论上分析，上、下半桥不会同时导通，但高速的 PWM 驱动信号在到达功率元件的控制极时，由于各种原因产生延迟的效果，可能会造成某个半桥元件在应该关断时没有关断，上、下桥同时导通，从而导致功率元件被烧毁。为了防止这种情况的产生，可以选择在上半桥关断后，延迟一段时间再打开下半桥，或在下半桥关断后，延迟一段时间再打开上半桥，从而避免功率元件被烧毁。这段延迟时间就是死区。

4）实验步骤

（1）创建新项目。

与 4.1 节中的实验步骤（1）相同，创建一个新项目，此处采用方法 1。打开 STM32CubeMX

软件，新建工程并选择 MCU，如图 4-74 所示。单击"ACCESS TO MCU SELECTOR"按钮，进入 MCU 选择界面，选择 MCU 具体型号，如图 4-75 所示。在"Part Number"文本框中输入"STM32G431RB"，然后双击"STM32G431RBTx"。

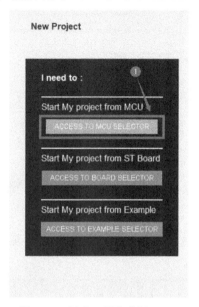

图 4-74　新建工程并选择 MCU

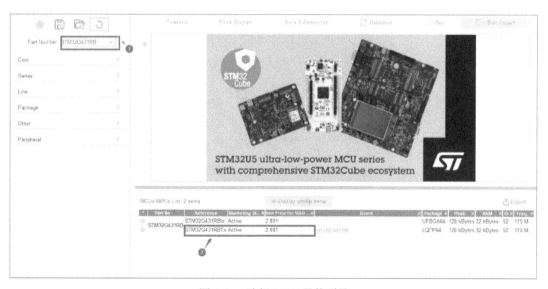

图 4-75　选择 MCU 具体型号

（2）配置 TIM1 与引脚。

① 图 4-76 所示为配置 TIM1。配置 TIM1 的"Channe1"为"PWM Generation CH1 CH1N"，即 PWM 互补输出。

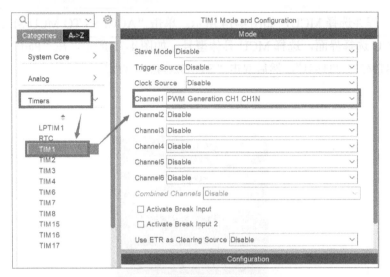

图 4-76　配置 TIM1

② 图 4-77 所示为配置 PA11 引脚。将 TIM1_CH1N 重新映射到 PA11 引脚（默认为 PC13 引脚，是按钮的输入端）。

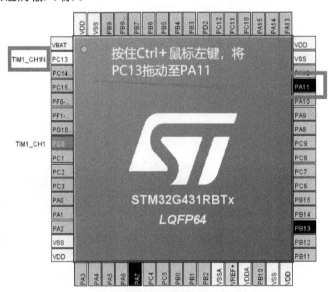

图 4-77　配置 PA11 引脚

③ 设定 TIM1 的时钟频率为 64MHz，如图 4-78 所示。

④ 设置频率为1Hz、占空比为50%的PWM。图4-79所示为设置定时器参数，将Prescaler（PSC）、Counter Period（ARR）与 Pulse 分别设为 1023、62499 与 31250。PWM 的频率

$$\mathrm{PWM}_f = \frac{\mathrm{TIM}_f}{(\mathrm{PSC}+1)\cdot(\mathrm{ARR}+1)}$$，占空比=Pulse/ARR，可以根据 PWM 需要的频率和占空比改变定时器的相关参数。

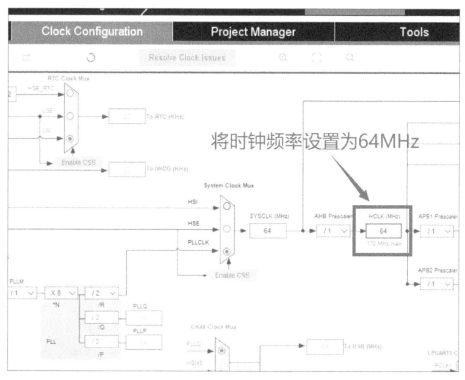

图 4-78　设定 TIM1 的时钟频率

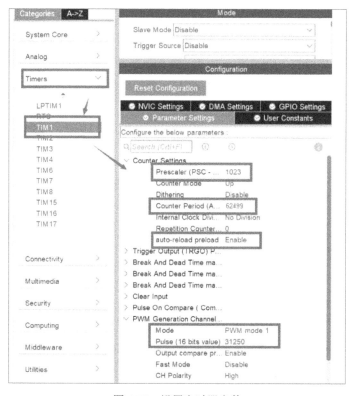

图 4-79　设置定时器参数

⑤ 若要输出没有死区的互补 PWM 波形，则可以略过此步骤，直接进入步骤（3）生成代码；若要设置死区，则需要按照图 4-80 所示框中的内容进行设置，并设置死区时间为 200 个计数周期。

图 4-80　设置死区

⑥ 图 4-81 所示为设置 GPIO。在"GPIO mode"下拉列表中选择"Alternate Function Push Pull"，PA11、PC0 行末的"Modified"列下的复选框会自动勾选，输出 PWM 波形。

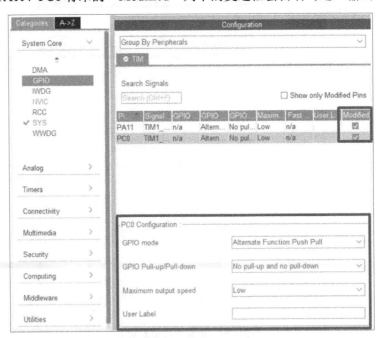

图 4-81　设置 GPIO

（3）生成代码。

① 单击"Project Manager"选项卡，进入工程配置界面，如图 4-82 所示。

图 4-82　工程配置界面

② 输入项目名称，选定项目存储位置。

③ 将"Toolchain / IDE"设定为"MDK-ARM"，版本选择自己电脑安装的版本。

④ 单击右上角的"GENERATE CODE"按钮，即可生成代码。

⑤ 代码加载完毕后，弹出"Code Generation"对话框，如图 4-83 所示，表示代码生成。单击"Open Project"按钮，进入 Keil μVision5。

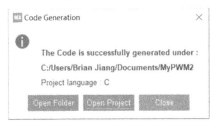

图 4-83　"Code Generation"对话框

（4）代码的编辑、编译与调试。

① 在"Project"窗格中，单击展开"Project:MyPWM2"→"MyPWM2"→"Application/User/Core"文件夹，双击打开 main.c 文件，对代码进行编辑，如图 4-84 所示。在用户代码区添加代码，如图 4-85 所示。

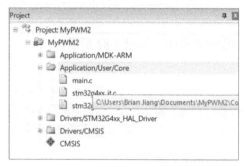

图 4-84　对代码进行编辑

图 4-85　添加代码

② 代码添加完成后，首先单击"Build"按钮对代码进行编译，然后单击"Download"按钮进行下载。代码的编译运行如图 4-86 所示。代码编译并下载成功后找到 PA11 和 PC0 引脚，利用示波器等工具观察两个引脚输出的 PWM 波形。

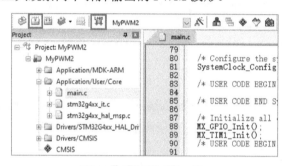

图 4-86　代码的编译运行

图 4-87、图 4-88、图 4-89 所示分别为互补 PWM 波实验的结果、无死区互补 PWM 波实验的结果、有死区互补 PWM 波实验的结果。可以看到，有死区互补 PWM 波实验的结果中存在短暂的时间，这段时间两个引脚均为低电平，即死区。

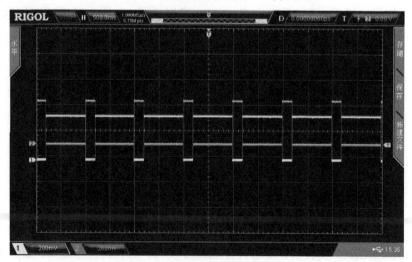

图 4-87　互补 PWM 波实验的结果

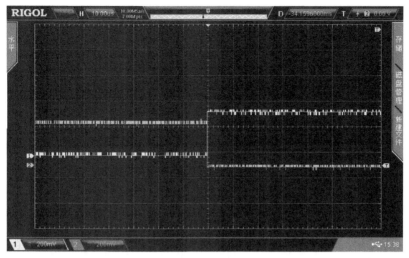

图 4-88 无死区互补 PWM 波实验的结果

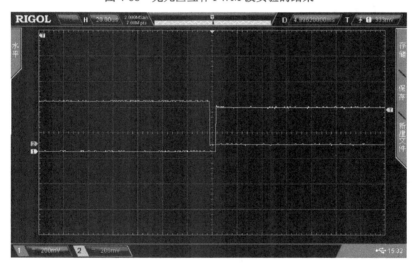

图 4-89 有死区互补 PWM 波实验的结果

第**5**章
无刷直流电机控制技术

无刷直流电机（Brushless Direct Current Motor，BLDCM）是随着电子技术的迅速发展而发展起来的一种新型直流电机，它是现代工业设备中重要的运动部件。无刷直流电机以法拉第电磁感应定律为基础，它能和新兴电力电子技术、数字电子技术较好地结合，具有广阔的发展和应用空间。本章介绍了无刷直流电机系统的构成、数学模型、方波控制和无感反电动势控制等内容。

5.1　无刷直流电机的系统构成

无刷直流电机是集电机、电力电子等技术于一体的机电设备，是永磁式同步电机的一种，并不是真正的直流电机。传统直流电机采用电刷作为换相装置，但在换相过程中，电刷容易产生电火花，导致电机发生电腐蚀、电子设备损坏等问题。区别于有刷直流电机，无刷直流电机用电子换相器取代了机械换相器，从根源上解决了传统直流电机在机械换相时产生的各种损耗和故障等问题，其在安全性能等方面明显高于其他传统直流电机。无刷直流电机既具有直流电机良好的调速性能等优点，又具有交流电机结构简单、无换相火花、运行可靠和易于维护等优点，被广泛用于家用电器、无人机、电动汽车、航空航天、医疗、工业机器人等众多领域。

无刷直流电机与直流电机、感应电机相比，具有以下优点。

- 更好的转速——转矩特性。
- 快速动态响应。
- 高效率。
- 使用寿命长。
- 运转低噪声。
- 较宽的转速范围。

无刷直流电机系统主要包括电机本体、位置传感器及控制驱动电路等，其结构如图 5-1所示。在无刷直流电机的实际运行过程中，控制器利用转子位置检测装置检测转子位置，根据获得的转子位置信号管理电子换相电路，按照一定规律改变逆变电路中电子开关器件的开关状态，从而驱动电机运转。

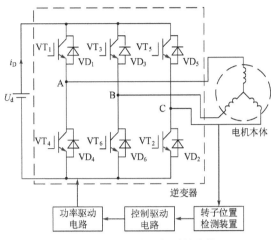

图 5-1 无刷直流电机系统结构

5.1.1 电机本体

无刷直流电机的基本结构和其他电机类似，主要由永磁材料制作的转子、带有线圈绕组的定子和位置传感器组成。以转子位置为分类依据，无刷直流电机可分为内转子和外转子两种类型，其结构分别如图 5-2 和图 5-3 所示。

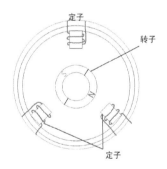

图 5-2 内转子无刷直流电机结构

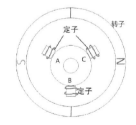

图 5-3 外转子无刷直流电机结构

1）定子

电机定子由铁芯和电枢绕组共同组成。电机的反电动势波形一般有梯形和正弦两种，分别如图 5-4 和图 5-5 所示。

2）转子

对于内转子无刷直流电机，转子永磁体的 N 极和 S 极交替排列在转子周围；对于外转子无刷直流电机，转子永磁体贴在转子内壁。

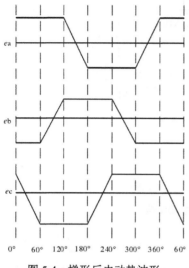

图 5-4 梯形反电动势波形

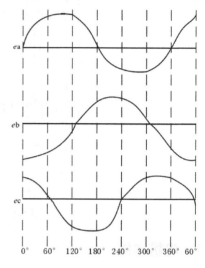

图 5-5 正弦反电动势波形

5.1.2 位置传感器

无刷直流电机是一个闭环的机电一体化产品，当无刷直流电机运转时，转子位置的检测在整个闭环系统中起到了重要的作用，它既可以计算出转速，又可以与电子换相电路的驱动器相结合达到控制定子绕组换相的目的。目前，市场上主要应用磁敏式的霍尔位置传感器及精度更高的光电编码器。霍尔位置传感器具有寿命长、抗干扰能力强、价格低和体积小等特点。

霍尔位置传感器是根据霍尔效应制作的一种磁场传感器，它可以有效地反映通过霍尔元件的磁密度，其安装图如图 5-6 所示。HA、HB、HC 分别安装在电机的 60°、180°、300°电角度上，其中，A、a、B、b、C、c 表示无刷直流电机内的三相绕组，将 360°电角度分为6 个部分。

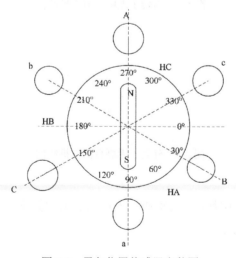

图 5-6 霍尔位置传感器安装图

由霍尔效应来判断转子位置。当转子永磁体接近霍尔元件时，便会产生霍尔现象，发生信号跳变，根据电平的变化判断转子的位置。在 3 个霍尔元件中，每个霍尔元件有高、低两种电平，共有 8 种情况，除去 111 和 000 两种无效的判断方式，一个电周期有 6 次信号跳变，每种信号占 60°电角度。

5.1.3　控制驱动电路

控制驱动电路是无刷直流电机控制系统中的核心内容。控制器的作用是对电机的转速和转矩等指标进行控制及对电机进行过热、过流保护。驱动器的作用是在控制器的作用下，驱动电机输出所需要的电功率。一般采用的驱动芯片大多用于几十瓦功率的电机中的 MOSFET 和上千瓦功率的电机中的 IGBT。

霍尔传感器获取转子位置信号后，控制芯片根据位置逻辑状态控制逆变驱动模块，使逆变驱动电路按照顺序导通，驱动电机转动。无刷直流电机换相方式的不同，同样会影响无刷直流电机的控制效果。在不同的电机应用场合，需要采取不同的电机驱动方式。

三相全桥式驱动方式具有电机绕组利用率高、换相转矩波动小等优势，适用于大多数的电机驱动场合。三相全桥式驱动方式有两两导通和三三导通两种方式。两两导通方式有两个功率管时刻导通，两相绕组存在电流，第三相悬空失电。三三导通方式中的开关管在运行周期内导通 180°电角度，每 60°换相一次，三相绕组同时有电流，没有悬空相。

三相 Y 型驱动电路如图 5-7 所示，它由 6 个功率管组成上、下桥式电路，$VT_1 \sim VT_6$ 表示功率管，$VD_1 \sim VD_6$ 表示二极管，A、B、C 表示电机的三组绕组与该驱动电路的连接点。

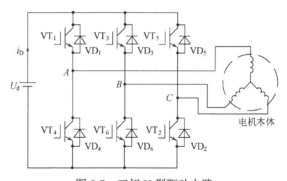

图 5-7　三相 Y 型驱动电路

若用两两导通方式，一共有 6 种导通状态，则将功率管依次导通的顺序为（VT_1，VT_6）→（VT_1，VT_2）→（VT_3，VT_2）→（VT_4，VT_3）→（VT_4，VT_5）→（VT_6，VT_5），这 6 种状态的循环往复可以使电机正常运转。其中，每隔 60°电角度就变换一次开关管的状态，变换一次状态只需要对一个开关管进行导通或关闭。若采取三三导通方式，同样每隔 60°电角度就变换一次开关管的状态，同样是 6 种导通状态，但功率管依次导通的顺序发生了变化，顺序为（VT_1，VT_3，VT_2）→（VT_4，VT_3，VT_2）→（VT_4，VT_3，VT_5）→（VT_4，VT_6，VT_5）→（VT_1，VT_6，VT_5）→（VT_1，VT_6，VT_2）。三三导通方式使每个开关管的导通时间较长，不利于电机的高速运行。而且由于其要避免同一桥臂上的功率管同时导通，导通规则复杂，因此一般采用两两导通方式。

5.2 无刷直流电机的数学模型

本节以两极三相无刷直流电机为例来说明其数学模型建立的过程。电机定子绕组为星型连接，转子采用内转子结构，3 个霍尔元件在空间间隔 120°放置。在此结构基础上，假设电机气隙磁导均匀，电机的磁路不饱和，不计涡流损耗、磁滞损耗及电枢反应，忽略定子铁芯齿槽效应的影响。在驱动系统中，逆变电路的功率管和续流二极管均为理想开关器件。

5.2.1 定子电压方程

根据以上假设条件，无刷直流电机每相绕组的相电压由电阻压降和绕组感应电动势两部分组成，其定子电压平衡方程为

$$\begin{bmatrix} U_a \\ U_b \\ U_c \end{bmatrix} = \begin{bmatrix} R_a & 0 & 0 \\ 0 & R_b & 0 \\ 0 & 0 & R_c \end{bmatrix}\begin{bmatrix} i_a \\ i_b \\ i_c \end{bmatrix} + \frac{d}{dt}\begin{bmatrix} L_a & L_{ab} & L_{ac} \\ L_{ba} & L_b & L_{bc} \\ L_{ca} & L_{cb} & L_c \end{bmatrix}\begin{bmatrix} i_a \\ i_b \\ i_c \end{bmatrix} + \begin{bmatrix} e_a \\ e_b \\ e_c \end{bmatrix} \tag{5-1}$$

式中，e_a、e_b、e_c 为定子各相反电动势，i_a、i_b、i_c 为定子各相电流，U_a、U_b、U_c 为定子各相电压，R_a、R_b、R_c 为定子各相绕组电阻，L_a、L_b、L_c 为定子各相绕组自感，L_{ab}、L_{ac}、L_{ba}、L_{bc}、L_{ca}、L_{cb} 为定子间各相绕组的互感。由于无刷直流电机的转子为永磁体，假设无刷直流电机的三相绕组对称，定子各相绕组间互感为常数，即 $L_a = L_b = L_c = L_S$，$R_a = R_b = R_c = R$，$L_{ab} = L_{ac} = L_{ba} = L_{bc} = L_{ca} = L_{cb} = M$。式（5-1）可改写为

$$\begin{bmatrix} U_a \\ U_b \\ U_c \end{bmatrix} = \begin{bmatrix} R & 0 & 0 \\ 0 & R & 0 \\ 0 & 0 & R \end{bmatrix}\begin{bmatrix} i_a \\ i_b \\ i_c \end{bmatrix} + \frac{d}{dt}\begin{bmatrix} L_S & M & M \\ M & L_S & M \\ M & M & L_S \end{bmatrix}\begin{bmatrix} i_a \\ i_b \\ i_c \end{bmatrix} + \begin{bmatrix} e_a \\ e_b \\ e_c \end{bmatrix} \tag{5-2}$$

将 $i_a + i_b + i_c = 0$，$Mi_a + Mi_b + Mi_c = 0$ 代入式（5-2），整理可得

$$\begin{bmatrix} U_a \\ U_b \\ U_c \end{bmatrix} = \begin{bmatrix} R & 0 & 0 \\ 0 & R & 0 \\ 0 & 0 & R \end{bmatrix}\begin{bmatrix} i_a \\ i_b \\ i_c \end{bmatrix} + \frac{d}{dt}\begin{bmatrix} L & 0 & 0 \\ 0 & L & 0 \\ 0 & 0 & L \end{bmatrix}\begin{bmatrix} i_a \\ i_b \\ i_c \end{bmatrix} + \begin{bmatrix} e_a \\ e_b \\ e_c \end{bmatrix} \tag{5-3}$$

式中，$L = L_S - M$。

基于上述分析，无刷直流电机的等效电路图如图 5-8 所示。

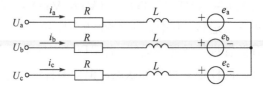

图 5-8 无刷直流电机的等效电路图

5.2.2　反电动势方程

在物理学中，在磁场中单根导体运动切割磁力线产生的电动势 e 为

$$e = Blv \tag{5-4}$$

式中，B、l 分别为磁感应强度和导体在磁场中运动的有效长度，v 为导体垂直于磁力线运动的线速度。在无刷直流电机中，转速 n 与 v 的关系为

$$v = 2\pi R' \frac{n}{60} \tag{5-5}$$

式中，R' 为绕组旋转半径。

假设直流电机绕组每一相串联的匝数为 W_Φ，由于每一相有两根导体，因此每一相绕组的总感应电动势为

$$E_\Phi = 2eW_\Phi \tag{5-6}$$

将式（5-4）和式（5-5）代入式（5-6），则转速 n 与总感应电动势 E_Φ 的关系为

$$E_\Phi = \frac{Bl\pi R'W_\Phi}{15} n \tag{5-7}$$

在电机设计制造成型以后，l、R' 和 W_Φ 均为固定值。

5.2.3　电磁转矩方程

电机的电磁转矩指电机在正常运行时，电枢绕组流过电流，载流导体在磁场中受力所形成的总转矩。设无刷直流电机的电流峰值为 I_p，电动势峰值为 E_p，绕组只有两相同时导通。当从直流母线侧看时，两相绕组为串联，所以电磁功率为 $P_m = 2E_p I_p$。忽略换相过程的影响，无刷直流电机的电磁转矩为

$$T_e = \frac{P_m}{\omega_1/n_p} = \frac{2n_p E_p I_p}{\omega_1} = 2n_p \psi_p I_p \tag{5-8}$$

式中，ψ_p 为电机电磁磁链的峰值，n_p 是极对数，ω_1 是电角速度。由式（5-8）可知，无刷直流电机的电磁转矩与电流 I_p 成正比，这与普通的直流电机类似。

5.2.4　运动方程

$$T_e - T_L - Z\omega = J\frac{d\omega}{dt} \tag{5-9}$$

式中，T_e、T_L 分别为电磁转矩和负载转矩（单位为 N·m），ω 为电机机械角速度，Z 为黏滞摩擦系数（单位为 N·m·s），J 为电机转子的转动惯量（单位为 kg·m^2）。

5.3　无刷直流电机的控制原理

电机驱动的其中一个关键点是准确获取转子的位置，有感电机通过传感器获取转子位置，无感电机只能通过间接方式获取电机转子位置。无刷直流电机的控制方式可以分为两大类：有位置传感器控制方式和无位置传感器控制方式。典型的有位置传感器控制方式是

使用霍尔传感器控制方式。无位置传感器控制方式是目前使用比较广泛且较为新颖的一类控制方式，较为常见的转子位置信号检测方法包括反电动势检测法、定子电感法、磁链计算法、状态观测器法等，其中，反电动势检测法应用较为广泛。

5.3.1 方波控制原理

方波控制也称为梯形波控制、120°控制或六步换相控制，是一种根据转子磁极位置，对定子线圈进行换相通电，形成六步的旋转磁场，进而带动转子同步转动的控制方式。方波控制的核心部分就是通过逆变桥，根据霍尔位置传感器得知当前转子位置，按照特定的换相序列进行换相操作。

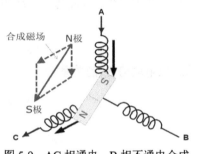

图 5-9　AC 相通电、B 相不通电合成磁场的方向示意

无刷直流电机定子的三相绕组有星型连接方式和三角形连接方式，其中，三相绕组星型连接的两两导通方式最为常用，本节针对此种情况进行分析。定子线圈根据其绕线方式可以简化为 3 个公共点相连的线圈，转子线圈可以简化为 1 对磁极的磁体，通电的线圈会产生各自的磁场，它们的合成磁场满足矢量合成的原则。以 AC 相通电、B 相不通电为例，其合成磁场的方向示意如图 5-9 所示。

定子三相绕组星型连接的两两导通方式示意如图 5-10 所示，当三相之间两两通电时，有 AC、AB、CB、CA、BA、BC 六种情况，中间的转子会尽量使自己内部的磁场方向与外磁场方向保持一致，当转子方向为图 5-10 中的合成磁场方向❶时，线圈换相，改成 AB 相通电，这时转子会继续运动，直到其方向为图 5-10 中的合成磁场方向❷，然后依次类推。当线圈完成 6 次换相后，转子正好旋转一周，即 360°。

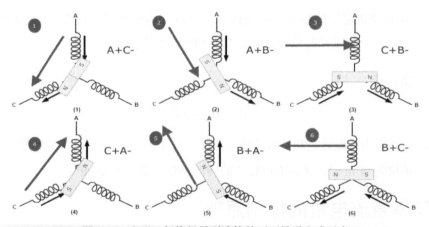

图 5-10　定子三相绕组星型连接的两两导通方式示意

通过 6 个功率器件组成的三相半桥来控制线圈的 6 拍通电方式，形成旋转磁场。通过安装在电机上的霍尔元件来获取转子磁极位置信息。根据霍尔信号对三相逆变器进行对应的调制，三相逆变器 PWM 的开关顺序及 PWM 的占空比是调制的主要内容，不同的调制

方式对 BLDCM 的运行性能有很大影响。

　　霍尔元件在和电机的转子做相对运动时，会随着转子不同位置下磁密度的变化产生变化的信号。在电机中安装 3 个电角度相差 120°的霍尔元件，可以有效地反映电机转子位置。当电机按一定方向转动时，3 个霍尔元件的输出会按照六步的规律变化。梯形波控制原理示意图如图 5-11 所示，霍尔信号采样及比较示意图如图 5-12 所示。

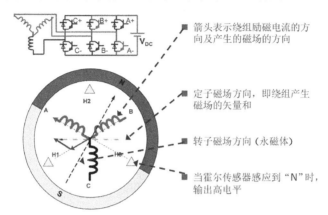

图 5-11　梯形波控制原理示意图

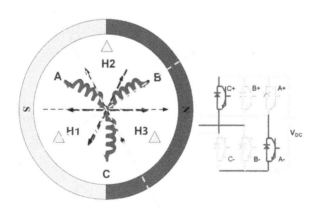

图 5-12　霍尔信号采样及比较示意图

　　当无刷直流电机实现正、反转控制时的霍尔传感器信号及 ABC 三相的开通关断情况如表 5-1 所示。

表 5-1　当无刷直流电机实现正、反转控制时的霍尔传感器信号及 ABC 三相的开通关断情况

类别	霍尔 1	霍尔 2	霍尔 3	A+	A-	B+	B-	C+	C-	方向
正转（顺时针）	1	0	1	关闭	开通	关闭	关闭	开通	关闭	↓
	0	0	1	关闭	开通	开通	关闭	关闭	关闭	↓
	0	1	1	关闭	关闭	开通	关闭	关闭	开通	↓
	0	1	0	开通	关闭	关闭	关闭	关闭	开通	↓
	1	1	0	开通	关闭	关闭	开通	关闭	关闭	↓
	1	0	0	关闭	关闭	关闭	开通	开通	关闭	↓

续表

类别	霍尔1	霍尔2	霍尔3	A+	A-	B+	B-	C+	C-	方向
反转（逆时针）	1	0	1	关闭	关闭	开通	关闭	关闭	开通	↑
	0	0	1	开通	关闭	关闭	关闭	关闭	开通	↑
	0	1	1	开通	关闭	关闭	关闭	关闭	关闭	↑
	0	1	0	关闭	关闭	关闭	开通	开通	关闭	↑
	1	1	0	关闭	开通	关闭	关闭	开通	关闭	↑
	1	0	0	关闭	开通	开通	关闭	关闭	关闭	↑

把连续的开通转变为开/关交替的 PWM 形式，从而实现无刷直流电机的调速控制，如图 5-13 所示。

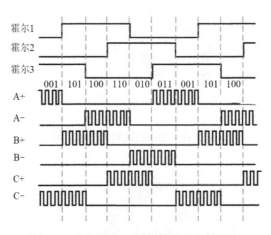

图 5-13　通过 PWM 控制的方式进行调速

方波控制方式的优点是控制算法简单、硬件成本较低、使用性能普通的控制器便能获得较高的电机转速；缺点是转矩波动大、存在一定的电流噪声、效率达不到最大值。方波控制适用于对电机转动性能要求不高的场合。

5.3.2　无感反电动势控制原理

1）反电动势检测法的基本原理

在无位置传感器控制方式中，普遍应用的位置检测方法是反电动势检测法，其适用于两两导通的方式对无刷直流电机进行控制。无刷直流电机的三相绕组通电和反电动势波形如图 5-14 所示，电流波形为矩形，绕组中产生的反电动势波形为梯形。其中，C_1、C_2、C_3、C_4、C_5、C_6 表示一个电周期内电机的换相点；Z_1、Z_2、Z_3、Z_4、Z_5、Z_6 表示一个电周期内反电动势的过零点（反电动势为零的点）。反电动势幅值随电机机械角速度 ω 的变化而变化。根据定子绕组两两导通原理，开通和关闭对应的开关管可生成宽度为 120° 的理想方波。

反电动势检测法的原理如下：连续获取三相绕组的悬空相的反电动势过零点，得到 3 路过零信号，将 3 路过零信号延迟 30° 电角度得到转子换相信息，并将其输送给控制器控制电机换相，形成闭环控制。但在完成这一进程的过程中，绕组中的反电动势都是不可测的，实际利用的信号为电压或电流等其他物理量。

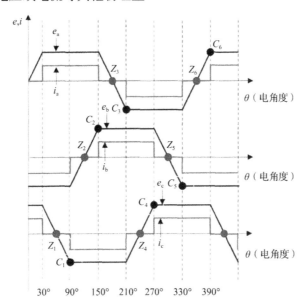

图 5-14　无刷直流电机的三相绕组通电和反电动势波形

60°电角度反电动势过零法分析图如图 5-15 所示。假设电机转子和线条 x 重合，即当 d 轴正方向（转子 N 极方向）和线条 x 的箭头所指方向相同时为 T0 位置，正方向为顺时针方向，从此时开始对反电动势过零法进行原理分析。在图 5-15 中开通 A 和 C 两相定子绕组，悬空 B 相定子绕组，将区域 $\pi/2 \sim 5\pi/6$ 内转子的位置变化进行划分，若转子旋转至该区域中的 $2\pi/3$ 时刻，则得到图中 T0 位置下的转子位置和反电动势变化规律图。

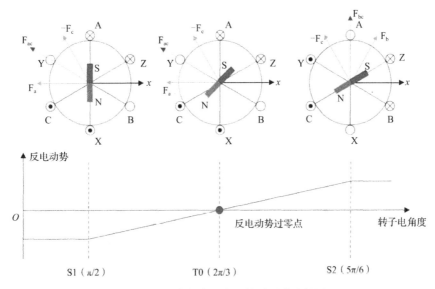

图 5-15　60°电角度反电动势过零法分析图

转子位置由 S1（$\pi/2$）转动到 S2（$5\pi/6$）的过程中，电机转子自身也在不断旋转，定子绕组上的电流与反电动势也在不断变换。电机转子在 S1（$\pi/2$）位置，即图 5-15 第一幅图中的位置时，开关管 VT_1、VT_2 导通，此刻电流从 A 相流进，从 C 相流出，转子 d 轴磁势和定子绕组合成磁势之间的夹角为 120°。随着电机转子从 S1 位置开始转动，电机定子绕组合成磁势和转子 d 轴磁势之间的夹角逐渐变小，并且电机电磁转矩逐渐增大。当电机旋转至 T0 位置时，电机转子 d 轴正好和 B 相定子绕组的轴线重合，这时 B 相定子上产生了幅值为零的绕组反电动势 e_b，即反电动势过零点。当转子 d 轴磁势垂直于定子绕组合成磁势时，无刷直流电机拥有最大的电磁转矩。随后电机转子继续转动，定子绕组合成磁势和转子 d 轴磁势之间的夹角逐渐变小，并且电机电磁转矩逐渐变小。当电机转子转至 S2 位置时，电机拥有其在 S1 位置时一样的电磁转矩。

为了得到最优的电机换相逻辑，使电机在运行时的平均电磁转矩达到最大，需要对定子绕组上电流的方向进行改变，即对定子绕组进行换相。关闭 VT_1，开通 VT_3，即从开通 VT_1、VT_2 变为开通 VT_3、VT_2。当定子绕组上的电流流动方向改变后，电流从 B 相流进，从 C 相流出，定子绕组合成磁势变成 F_{bc}，使得电机转子继续转动，旋转方向为顺时针。

通过以上分析可知，在检测到悬空相反电动势过零点后，电机转子再转动 30°电角度，就是下一开关管导通换相的时刻。对于 120°导通方式下的三相六状态无刷直流电机，旋转过 60°电角度后，就需要对电机进行换相，因此在检测到反电动势过零点后，可以进行换相所需的延迟时间通式为 $(30° + 60k)$，其中，$k=0,1,2,\cdots$，通常情况下 k 取 0 或 1，即在检测到反电动势过零点之后延迟 30°或 90°，可以对电机进行换相。

2）反电动势检测法的检测方式

在反电动势检测法的检测方式下，$VT_1 \sim VT_6$ 共有 6 个开关管的 6 种组合状态，每隔 1/6 个换相周期换相一次，当顺时针及逆时针旋转时的开关管导通规律分别如表 5-2 和表 5-3 所示。

表 5-2　当顺时针旋转时的开关管导通规律

转子位置（电角度）	30°～330°	330°～270°	270°～210°	210°～150°	150°～90°	90°～30°
开关管	VT_5、VT_6	VT_4、VT_5	VT_3、VT_4	VT_2、VT_3	VT_1、VT_2	VT_6、VT_1
A	悬空	−	−	悬空	+	+
B	−	悬空	+	+	悬空	−
C	+	+	悬空	−	−	悬空

表 5-3　当逆时针旋转时的开关管导通规律

转子位置（电角度）	330°～30°	30°～90°	90°～150°	150°～210°	210°～270°	270°～30°
开关管	VT_6、VT_1	VT_1、VT_2	VT_2、VT_3	VT_3、VT_4	VT_4、VT_5	VT_5、VT_6
A	+	+	悬空	−	−	悬空
B	−	悬空	+	+	悬空	−
C	悬空	−	−	悬空	+	+

将空间上的 360°电角度平均分为 6 个区域。在电机运行转动的过程中，定子绕组相对转子运动，切割转子永磁体磁感线产生反电动势，反电动势的大小与电机机械角速度 ω 成正比，比例系数称为反电动势系数 K_e，反电动势幅值为 $K_e\omega$，反电动势值的正负是随转子极性改变的。确定反电动势的正方向后，反电动势极性出现正负变化。

霍尔信号与反电动势信号的对应关系如图 5-16 所示。在图 5-14 中，e_a、e_b、e_c 为反电动势信号，其理想情况下是标准的梯形波。在图 5-16 中，H_a、H_b、H_c 为霍尔传感器输出的位置信号，是高低电平脉冲信号形式。以 B 相绕组反电动势为例，M 点为 e_b 的一个过零点，在 M 点处，3 个霍尔信号没有发生改变，将 M 点滞后 30°得到 N 点，N 点对应霍尔信号 H_b 的电平转换点，所以反电动势信号可以起到与霍尔信号相同的作用——提供转子位置信息，因此反电动势检测法检测的准确性对于无位置传感器控制具有关键性的作用。

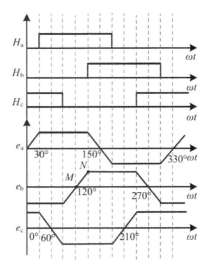

图 5-16　霍尔信号与反电动势信号的对应关系

3）反电动势检测法的衍生算法

随着技术的进步，业内出现了一些基于反电动势检测法的衍生算法，如端电压检测法、反电动势积分法、续流二极管法、反电动势三次谐波检测方法、线反电动势法等。这些算法在一定的速度范围内具有很好的效果，在此不对其原理进行赘述，仅对其优缺点进行简单分析。

端电压检测法需要增加比较电路，通过测量关断相端电压，并将其与构建的虚拟中性点电压进行比较，间接求得反电动势过零信号。但在使用端电压检测法间接求反电动势过零信号的过程中，通常引入阻容滤波电路消除引入 PWM 高频信号造成的端电压畸变。电机受到阻容滤波电路相移、检测电路器件延时及控制芯片软件计算延时等因素的影响，常常又使得转子位置检测不准确，导致换相位置发生偏差，造成电机的控制和运行性能变差，严重时甚至可能导致电机失步。

反电动势积分法将悬空相反电动势过零点后的电势做积分处理，当积分达到预设的阈值时停止积分，此时就是电机的换相时刻。这种方法虽然省去了构建虚拟中性点电压的电路,解决了过零点移相问题,但因该方法源于反电动势检测法,所以该方法也存在 PWM 噪声干扰问题,会出现过零点误判现象;同时,积分上限的阈值为固定参数,当电机环境变化时,反电动势波形函数也会发生变化,固定的积分阈值不能准确反映出实际的换相时刻,会造成提前或滞后换相问题。

续流二极管法在电机 PWM 调速控制时,通过检测反并联于悬空相功率开关管上的续流二极管的通断状态,来确定悬空相反电动势的过零点。与传统的反电动势检测法相比,该方法转换了反电动势过零点的检测对象,故而降低了电机可调最低转速,因此拓宽了电机的调速范围。但是该方法在采用 PWM 调速控制时,由于二极管导通压降较低,容易受到外界干扰而造成二极管的误通,因此会使换相点检测出现误差。

反电动势三次谐波检测方法利用反电动势三次谐波分量的过零点恰好与三相反电动势的过零点在时间上相同的特点,通过检测反电动势三次谐波的过零点来确定换相时刻。但在检测过程中,该方法与反电动势检测法的检测过程基本相同,二者差异并不太大,因此同样存在反电动势检测法中的问题。而且为确保准确测量过零点,一般需要将电机的中性点引出,这在一定程度上限制了该方法的应用。

在反电动势检测法中,通常检测的是相反电动势,绕组换相时刻由相反电动势过零点相移 30° 电角度获得。相移角与电机转速有关,在低速时由于反电动势的幅值很小,无法准确获得反电动势的过零点,因此检测精度明显降低,容易造成换相不准确。线反电动势法相对于反电动势检测法省去了相移角的计算,绕组换相时刻由线反电动势过零点直接得到,在低速范围内优势明显。线反电动势的过零点直接对应无刷直流电机的换相点,因此只需要计算线反电动势的过零点即可实现电机的正确换相,其算法简单,容易实现,低速性能优于反电动势检测法。

永磁同步电机和无刷直流电机的基本架构相同，驱动方式不同，在设计和控制细节上也存在差别。本章介绍了三相永磁同步电机的结构、数学模型、SVPWM 控制和矢量控制原理等内容，可加深对永磁同步电机控制技术的理解。

6.1 三相 PMSM 的结构

当三相 PMSM 转子磁路的结构不同时，电机的运行性能、控制方法、制造工艺和适用场合也会不同。目前，根据永磁体在转子上的位置不同，三相 PMSM 转子的结构可以分为表贴式和内置式：表贴式永磁同步电机（SM-PMSM）将磁铁置于电机表面；内置式永磁同步电机（I-PMSM）将磁铁嵌入转子。三相 PMSM 转子的结构示意图如图 6-1 所示。

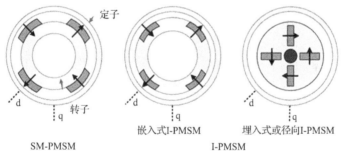

图 6-1　三相 PMSM 转子的结构示意图

对表贴式转子结构而言，由于其具有结构简单、制造成本低和转动惯量小等优点，因此在恒功率运行范围不宽的三相 PMSM 和永磁无刷直流电机中得到了广泛应用。表贴式转子结构中的永磁磁极易于实现最优设计，能使电机的气隙磁密波形趋于正弦波，提高电机的运行性能。SM-PMSM 采用固有的各向同性结构，意味着直轴电感 L_d 与交轴电感 L_q 相同。通常，因为 SM-PMSM 的机械结构存在更大的气隙，所以具有更低的弱磁能力。

内置式转子结构可以充分利用转子磁路不对称所产生的磁阻转矩，提高电机的功率密度，使得电机的动态性能较表贴式转子结构有所改善，制造工艺也较简单，漏磁系数和制造成本都较表贴式转子结构大。I-PMSM 具有各向异性的结构（通常 $L_d<L_q$）。在嵌入式 I-PMSM 中，这种差异比较小。在径向 I-PMSM 中，这种差异比较明显。这种特殊的磁结构可用来产生更大的电磁转矩，因为该机械结构更精细，所以气隙比较窄，具有良好的弱磁能力。

对采用稀土永磁材料的电机来说，由于永磁材料的磁导率接近 1，因此表贴式转子结构在电磁性能上属于隐极转子结构；而内置式转子结构的相邻永磁磁极间有磁导率很大的铁磁材料，因此在电磁性能上属于凸极转子结构。

6.2　三相 PMSM 的数学模型

为了简化分析，我们可假设三相 PMSM 为理想电机，且满足下列条件：

- 忽略电机铁芯的饱和。
- 不计电机中的涡流和磁滞损耗。
- 电机中的电流为对称的三相正弦波电流。

磁链是导电线圈或电流回路所链环的磁通量。其大小为导电线圈匝数 N 与穿过该线圈各匝的平均磁通量 φ 的乘积。自然坐标系下 PMSM 的三相电压方程为

$$u_{3\mathrm{S}} = Ri_{3\mathrm{S}} + \frac{\mathrm{d}}{\mathrm{d}t}\psi_{3\mathrm{S}} \tag{6-1}$$

磁链方程为

$$\psi_{3\mathrm{S}} = L_{3\mathrm{S}}i_{3\mathrm{S}} + \psi_{\mathrm{f}} \cdot F_{3\mathrm{S}}\left(\theta_{\mathrm{e}}\right) \tag{6-2}$$

式中，$\psi_{3\mathrm{S}}$ 为三相绕组的磁链；$u_{3\mathrm{S}}$、R 和 $i_{3\mathrm{S}}$ 分别为三相绕组的相电压、电阻和电流；$L_{3\mathrm{S}}$ 为三相绕组的电感；$\psi_{\mathrm{f}} \cdot F_{3\mathrm{S}}\left(\theta_{\mathrm{e}}\right)$ 为永磁体在三相绕组中产生的磁链；ψ_{f} 为永磁体磁链；$F_{3\mathrm{S}}\left(\theta_{\mathrm{e}}\right)$ 为与电角度相关的系数，并且满足

$$u_{3\mathrm{S}} = \begin{bmatrix} u_{\mathrm{a}} \\ u_{\mathrm{b}} \\ u_{\mathrm{c}} \end{bmatrix}, \quad R_{3\mathrm{S}} = \begin{bmatrix} R & 0 & 0 \\ 0 & R & 0 \\ 0 & 0 & R \end{bmatrix}, \quad i_{3\mathrm{S}} = \begin{bmatrix} i_{\mathrm{a}} \\ i_{\mathrm{b}} \\ i_{\mathrm{c}} \end{bmatrix}, \quad \psi_{3\mathrm{S}} = \begin{bmatrix} \psi_{\mathrm{a}} \\ \psi_{\mathrm{b}} \\ \psi_{\mathrm{c}} \end{bmatrix} \tag{6-3}$$

$$L_{3\mathrm{S}} = L_{\mathrm{m3}} \begin{bmatrix} 1 & \cos 2\pi/3 & \cos 4\pi/3 \\ \cos 2\pi/3 & 1 & \cos 2\pi/3 \\ \cos 4\pi/3 & \cos 2\pi/3 & 1 \end{bmatrix} + L_{\mathrm{l3}} \begin{bmatrix} 1 & 0 & 0 \\ 0 & 1 & 0 \\ 0 & 0 & 1 \end{bmatrix} \tag{6-4}$$

$$F_{3\mathrm{S}}\left(\theta_{\mathrm{e}}\right) = \begin{bmatrix} \sin\theta_{\mathrm{e}} \\ \sin\left(\theta_{\mathrm{e}} - 2\pi/3\right) \\ \sin\left(\theta_{\mathrm{e}} + 2\pi/3\right) \end{bmatrix} \tag{6-5}$$

式中，L_{m3} 为定子互感；L_{l3} 为定子漏感；θ_{e} 表示转子位置电角度。

根据机电能量转换原理，电磁转矩 T_{e} 等于磁场储能对机械角 θ_{m} 位移的偏导，因此有

$$T_{\mathrm{e}} = \frac{1}{2}p_{\mathrm{n}}\frac{\partial}{\partial\theta_{\mathrm{m}}}\left(i_{3\mathrm{S}}^{T} \cdot \psi_{3\mathrm{S}}\right) \tag{6-6}$$

式中，p_{n} 为三相 PMSM 的极对数。

另外，电机的机械运动方程为

$$J\frac{\mathrm{d}\omega_{\mathrm{m}}}{\mathrm{d}t} = T_{\mathrm{e}} - T_{\mathrm{L}} - B\omega_{\mathrm{m}} \tag{6-7}$$

式中，J 是系统转动惯量；T_{L} 是负载转矩；B 是阻尼系数；ω_{m} 是机械角速度。

式（6-1）、式（6-2）、式（6-6）和式（6-7）构成了三相 PMSM 在自然坐标系下的基本数学模型。由磁链方程可以看出，定子磁链是转子位置电角度 θ_e 的函数，因此三相 PMSM 的数学模型是一个比较复杂且强耦合的多变量系统。为了便于后期设计控制器，必须选择合适的坐标变换对数学模型进行降阶和解耦变换。

ST 技术文档中提供的 SM-PMSM 或 I-PMSM 的电机电压和磁链方程分别为

$$V_{abc_S} = r_S i_{abc_S} + \frac{d\lambda_{abc_S}}{dt} \tag{6-8}$$

$$\lambda_{abc_S} = \begin{bmatrix} L_{lS} + L_{mS} & -\dfrac{L_{mS}}{2} & -\dfrac{L_{mS}}{2} \\ -\dfrac{L_{mS}}{2} & L_{lS} + L_{mS} & -\dfrac{L_{mS}}{2} \\ -\dfrac{L_{mS}}{2} & -\dfrac{L_{mS}}{2} & L_{lS} + L_{mS} \end{bmatrix} i_{abc_S} + \begin{bmatrix} \sin(\theta_e) \\ \sin\left(\theta_e - \dfrac{2\pi}{3}\right) \\ \sin\left(\theta_e + \dfrac{2\pi}{3}\right) \end{bmatrix} \psi_m \tag{6-9}$$

式中，V_{abc_S} 是自然坐标系下三相电压矩阵；i_{abc_S} 是自然坐标系下三相电流矩阵；λ_{abc_S} 是三相全磁链矩阵；r_S 是定子相电阻矩阵；L_{lS} 是定子绕组漏电感；L_{mS} 是定子相绕组磁化电感（励磁电感），在 I-PMSM 中，忽略高阶谐波，除了常数分量 L_{mS}，自感和互感还具有二次谐波分量 L_{2S}，该分量与 $\cos\left(2\theta_e + k \times \dfrac{2\pi}{3}\right)$ 成比例，其中 $k = 0$、± 1；θ_e 是转子位置电角度；ψ_m 是由永磁体引起的磁链。

上述方程比较复杂，由于三个定子磁链相互耦合，并且取决于转子位置，而转子位置具有时变性，是电磁和负载转矩的时变函数，因此为了控制方便，必须选择合适的坐标变换对数学模型进行降阶和解耦变换。

6.2.1 三相 PMSM 的坐标变换

为了简化自然坐标系下三相 PMSM 的数学模型，采用的坐标变换通常包括静止坐标变换（Clark 变换）和同步旋转坐标变换（Park 变换）。常用的坐标关系如图 6-2 所示。其中，*A-B-C* 为自然坐标系，*α-β* 为静止坐标系，*d-q* 为同步旋转坐标系。

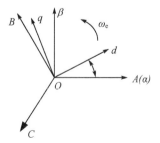

图 6-2 常用的坐标关系

需要注意的是，ST-MC-SDK 采用的坐标关系如图 6-3 所示，与图 6-2 不同。本书后续坐标变换的内容都是基于 ST-MC-SDK 采用的坐标关系展开的。

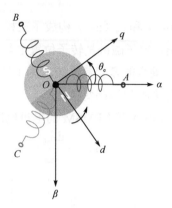

图 6-3　ST-MC-SDK 采用的坐标关系

1）Clark 变换

将自然坐标系 *A-B-C* 变换到静止坐标系 *α-β* 的坐标变换称为 Clark 变换，根据图 6-3 所示各坐标系之间的关系，可以得出下面的坐标变换公式，即

$$\begin{bmatrix} f_\alpha & f_\beta & f_0 \end{bmatrix}^{\mathrm{T}} = \boldsymbol{T}_{3\mathrm{S}/2\mathrm{S}} \begin{bmatrix} f_A & f_B & f_C \end{bmatrix}^{\mathrm{T}} \tag{6-10}$$

式中，f 代表电机的电压、电流或磁链等变量；$\boldsymbol{T}_{3\mathrm{S}/2\mathrm{S}}$ 为坐标变换矩阵，可表示为

$$\boldsymbol{T}_{3\mathrm{S}/2\mathrm{S}} = \frac{2}{3} \begin{bmatrix} 1 & -\dfrac{1}{2} & -\dfrac{1}{2} \\ 0 & -\dfrac{\sqrt{3}}{2} & \dfrac{\sqrt{3}}{2} \\ \dfrac{1}{2} & \dfrac{1}{2} & \dfrac{1}{2} \end{bmatrix} = \begin{bmatrix} \dfrac{2}{3} & -\dfrac{1}{3} & -\dfrac{1}{3} \\ 0 & -\dfrac{\sqrt{3}}{3} & \dfrac{\sqrt{3}}{3} \\ \dfrac{1}{3} & \dfrac{1}{3} & \dfrac{1}{3} \end{bmatrix} \tag{6-11}$$

将静止坐标系 *α-β* 变换到自然坐标系 *A-B-C* 的坐标变换称为反 Clark 变换，可以表示为

$$\begin{bmatrix} f_A & f_B & f_C \end{bmatrix}^{\mathrm{T}} = \boldsymbol{T}_{3\mathrm{S}/2\mathrm{S}} \begin{bmatrix} f_\alpha & f_\beta & f_0 \end{bmatrix}^{\mathrm{T}} \tag{6-12}$$

其中

$$\boldsymbol{T}_{2\mathrm{S}/3\mathrm{S}} = \boldsymbol{T}_{3\mathrm{S}/2\mathrm{S}}^{-1} = \begin{bmatrix} 1 & 0 & 1 \\ -\dfrac{1}{2} & -\dfrac{\sqrt{3}}{2} & 1 \\ -\dfrac{1}{2} & \dfrac{\sqrt{3}}{2} & 1 \end{bmatrix} \tag{6-13}$$

以上简单分析了自然坐标系中的变量与静止坐标系中的变量之间的关系，变换矩阵前的系数 $\dfrac{2}{3}$ 是根据幅值不变的约束条件得到的；当采用功率不变作为约束条件时，该系数将会变为 $\sqrt{\dfrac{2}{3}}$。特别是对于三相系统，在计算静止坐标系下的变量时，零序分量 f_0 可以忽略不计。

考虑到当电机三相星型连接时有 $f_A + f_B + f_C = 0$，此时变换矩阵可简化为 2×2 的矩阵，即

$$\begin{bmatrix} f_\alpha & f_\beta \end{bmatrix}^{\mathrm{T}} = \boldsymbol{T}_{3\mathrm{S}/2\mathrm{S}} \begin{bmatrix} f_A & f_B \end{bmatrix}^{\mathrm{T}} \tag{6-14}$$

$$\boldsymbol{T}_{3\mathrm{S}/2\mathrm{S}} = \begin{bmatrix} 1 & 0 \\ -\dfrac{1}{\sqrt{3}} & -\dfrac{2}{\sqrt{3}} \end{bmatrix} \tag{6-15}$$

ST-MC-SDK 中采用的坐标变换即简化后的坐标变换,并忽略了零序分量。ST-MC-SDK 中电压和电流的 Clark 变换和反 Clark 变换如表 6-1 所示。

表 6-1　ST-MC-SDK 中电压和电流的 Clark 变换和反 Clark 变换

变　换　内　容		变换前后幅值不变
从三相到两相的变换	电压	$\begin{bmatrix} u_\alpha \\ u_\beta \end{bmatrix} = \begin{bmatrix} 1 & 0 \\ -\dfrac{1}{\sqrt{3}} & -\dfrac{2}{\sqrt{3}} \end{bmatrix} \begin{bmatrix} u_A \\ u_B \end{bmatrix}$
	电流	$\begin{bmatrix} i_\alpha \\ i_\beta \end{bmatrix} = \begin{bmatrix} 1 & 0 \\ -\dfrac{1}{\sqrt{3}} & -\dfrac{2}{\sqrt{3}} \end{bmatrix} \begin{bmatrix} i_A \\ i_B \end{bmatrix}$
从两相到三相的变换	电压	$\begin{bmatrix} u_A \\ u_B \\ u_C \end{bmatrix} = \begin{bmatrix} 1 & 0 \\ -\dfrac{1}{2} & -\dfrac{\sqrt{3}}{2} \\ -\dfrac{1}{2} & \dfrac{\sqrt{3}}{2} \end{bmatrix} \begin{bmatrix} u_\alpha \\ u_\beta \end{bmatrix}$
	电流	$\begin{bmatrix} i_A \\ i_B \\ i_C \end{bmatrix} = \begin{bmatrix} 1 & 0 \\ -\dfrac{1}{2} & -\dfrac{\sqrt{3}}{2} \\ -\dfrac{1}{2} & \dfrac{\sqrt{3}}{2} \end{bmatrix} \begin{bmatrix} i_\alpha \\ i_\beta \end{bmatrix}$

2)Park 变换

将静止坐标系 α-β 变换到同步旋转坐标系 d-q 的坐标变换称为 Park 变换,坐标变换公式为

$$\begin{bmatrix} f_d & f_q \end{bmatrix}^{\mathrm{T}} = \boldsymbol{T}_{2\mathrm{S}/2\mathrm{r}} \begin{bmatrix} f_\alpha & f_\beta \end{bmatrix}^{\mathrm{T}} \tag{6-16}$$

式中, $\boldsymbol{T}_{2\mathrm{S}/2\mathrm{r}}$ 为坐标变换矩阵,可表示为

$$\boldsymbol{T}_{2\mathrm{S}/2\mathrm{r}} = \begin{bmatrix} \sin\theta_\mathrm{e} & \cos\theta_\mathrm{e} \\ \cos\theta_\mathrm{e} & -\sin\theta_\mathrm{e} \end{bmatrix} \tag{6-17}$$

将同步旋转坐标系 d-q 变换到静止坐标系 α-β 的坐标变换称为反 Park 变换,可表示为

$$\begin{bmatrix} f_\alpha & f_\beta \end{bmatrix}^{\mathrm{T}} = \boldsymbol{T}_{2\mathrm{r}/2\mathrm{S}} \begin{bmatrix} f_d & f_q \end{bmatrix}^{\mathrm{T}} \tag{6-18}$$

式中, $\boldsymbol{T}_{2\mathrm{r}/2\mathrm{S}}$ 为坐标变换矩阵,可表示为

$$\boldsymbol{T}_{2\mathrm{r}/2\mathrm{S}} = \boldsymbol{T}_{2\mathrm{S}/2\mathrm{r}}^{-1} = \begin{bmatrix} \sin\theta_\mathrm{e} & \cos\theta_\mathrm{e} \\ \cos\theta_\mathrm{e} & -\sin\theta_\mathrm{e} \end{bmatrix} \tag{6-19}$$

将自然坐标系 A-B-C 变换到同步旋转坐标系 d-q,各变量的关系为

$$\begin{bmatrix} f_d & f_q & f_0 \end{bmatrix}^{\mathrm{T}} = \boldsymbol{T}_{3\mathrm{S}/2\mathrm{r}} \begin{bmatrix} f_A & f_B & f_C \end{bmatrix}^{\mathrm{T}} \tag{6-20}$$

式中, $\boldsymbol{T}_{3\mathrm{S}/2\mathrm{r}}$ 为坐标变换矩阵,可表示为

$$\boldsymbol{T}_{3S/2r} = \boldsymbol{T}_{3S/2S} \cdot \boldsymbol{T}_{2S/2r} = \frac{2}{3} \begin{bmatrix} \sin\theta_e & \sin\left(\theta_e - \frac{2\pi}{3}\right) & \sin\left(\theta_e + \frac{2\pi}{3}\right) \\ \cos\theta_e & \cos\left(\theta_e - \frac{2\pi}{3}\right) & \cos\left(\theta_e + \frac{2\pi}{3}\right) \\ \frac{1}{2} & \frac{1}{2} & \frac{1}{2} \end{bmatrix} \qquad (6\text{-}21)$$

将同步旋转坐标系 d-q 变换到自然坐标系 A-B-C，各变量的关系为

$$\begin{bmatrix} f_A & f_B & f_C \end{bmatrix}^{\mathrm{T}} = \boldsymbol{T}_{2r/3S} \begin{bmatrix} f_d & f_q & f_0 \end{bmatrix}^{\mathrm{T}} \qquad (6\text{-}22)$$

式中，$\boldsymbol{T}_{2r/3S}$ 为坐标变换矩阵，可表示为

$$\boldsymbol{T}_{2r/3S} = \boldsymbol{T}_{3S/2r}^{-1} = \begin{bmatrix} \sin\theta_e & \cos\theta_e & 1 \\ \sin\left(\theta_e - \frac{2\pi}{3}\right) & \cos\left(\theta_e - \frac{2\pi}{3}\right) & 1 \\ \sin\left(\theta_e + \frac{2\pi}{3}\right) & \cos\left(\theta_e + \frac{2\pi}{3}\right) & 1 \end{bmatrix} \qquad (6\text{-}23)$$

以上简单分析了同步旋转坐标系与自然坐标系中各变量之间的关系，变换矩阵前的系数 $\frac{2}{3}$ 是根据幅值不变的约束条件得到的；当采用功率不变作为约束条件时，该系数变为 $\sqrt{\frac{2}{3}}$。特别是对于三相对称系统，在计算时，零序分量 f_0 可以忽略不计。

6.2.2 同步旋转坐标系（d-q 坐标系）下的数学模型

1）电压方程

$$\begin{bmatrix} U_d \\ U_q \end{bmatrix} = \begin{bmatrix} r + \frac{\mathrm{d}}{\mathrm{d}t}L_d & -L_q\omega_e \\ L_d\omega_e & r + \frac{\mathrm{d}}{\mathrm{d}t}L_q \end{bmatrix} \begin{bmatrix} I_d \\ I_q \end{bmatrix} + \begin{bmatrix} 0 \\ k_E\omega_e \end{bmatrix} \qquad (6\text{-}24)$$

式中，U_d 为 d 轴电压（V）；U_q 为 q 轴电压（V）；I_d 为 d 轴电流（A）；I_q 为 q 轴电流（A）；ω_e 为转子电角频率（rad/s）；r 为绕组的相电阻（Ω）；L_d 为 d 轴同步电感（H）；L_q 为 q 轴同步电感（H）；k_E 为发电常数[V/(rad/s)]，$k_E = \frac{\sqrt{2}k_e \times 60}{\sqrt{3} \times 2\pi \times p \times 1000}$，$k_e$ 也为发电常数（V/1000rpm），与 k_E 的单位不同；p 为磁极对数；$\frac{\mathrm{d}}{\mathrm{d}t}$ 为微分算子，表示对后面的内容取导数，如 $\frac{\mathrm{d}}{\mathrm{d}t}L_d \times I_d = \frac{\mathrm{d}}{\mathrm{d}t}(L_dI_d)$。

2）转矩方程

$$\tau_e = \frac{3}{2}p\left[k_E + (L_d - L_q)I_d\right]I_q \qquad (6\text{-}25)$$

为了便于设计控制器，通常选择同步旋转坐标系下的数学模型。

由式（6-24）可以看出，三相 PMSM 的数学模型实现了完全的解耦。

式（6-24）和式（6-25）是针对内置式三相 PMSM 建立的数学模型。对于表贴式三相 PMSM，定子电感满足 $L_d = L_q = L_S$。因此，表贴式三相 PMSM 的数学模型相对简单一些。

6.2.3 静止坐标系（α-β 坐标系）下的数学模型

1）电压方程

$$\begin{bmatrix} u_\beta \\ u_\alpha \end{bmatrix} = \begin{bmatrix} r + L_q \dfrac{\mathrm{d}}{\mathrm{d}t} & 0 \\ 0 & r + L_q \dfrac{\mathrm{d}}{\mathrm{d}t} \end{bmatrix} \begin{bmatrix} i_\beta \\ i_\alpha \end{bmatrix} + \dfrac{\mathrm{d}}{\mathrm{d}t} \left(\Phi_{\mathrm{gen}} \begin{bmatrix} \cos\omega_e t \\ \sin\omega_e t \end{bmatrix} \right) \tag{6-26}$$

2）广义磁链和广义感应电动势

广义磁链为

$$\Phi_{\mathrm{gen}} = k_E + \left(L_d - L_q \right) I_d \tag{6-27}$$

广义感应电动势为

$$\frac{\mathrm{d}\Phi_{\mathrm{gen}}}{\mathrm{d}t} = \frac{\mathrm{d}\left[k_E + \left(L_d - L_q \right) I_d \right]}{\mathrm{d}t} = \left(L_d - L_q \right) \frac{\mathrm{d}I_d}{\mathrm{d}t} \tag{6-28}$$

目前比较常用的三相 PMSM 的建模方法大多是基于同步旋转坐标系下的数学模型，ST 采用了同步旋转坐标系和静止坐标系下的数学模型。

6.2.4 用传统测量方法获取电机参数

电流环、速度环的控制都与电机参数有关，需要准确填写的电机参数如图 6-4 所示，包括极对数、最大转速、最大电流、额定电压、电机相电阻、电机电感、电机发电常数、电机转动惯量和电机阻力系数。写入正确的参数是进行电机稳定 FOC 控制的关键步骤，所以需要将电机参数进行重新标定。

图 6-4 需要准确填写的电机参数

1）测量极对数

一般情况下，电机厂商会提供极对数，如果没有给出极对数，那么在测量时可以使用稳压电源（如给定电压 5V、限流 0.5A）。测量极对数的接线示意图如图 6-5 所示，把电源加在电机的两相上，会产生过流情况，转动电机一圈应当感觉到有阻力，稳定的位置个数即为极对数个数。也可以使用示波器，电机旋转一圈对应完整波形的个数即为极对数个数，旋转的快慢会影响测量的准确度，所以使用电源测量的方法较适合。

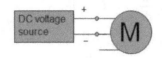

图 6-5　测量极对数的接线示意图

2）测量相电阻

相电阻 R_S 可以使用万用表测定，将测定的数据除以 2 即可。当阻值较小时，采用毫欧计测量更准确，毫欧计如图 6-6 所示。

图 6-6　毫欧计

3）测量电感

（1）使用电桥测量电感。

可以使用 $f = 1\text{kHz}$、$U = 1\text{V}$ 的电桥直接测量电感 L_S（或 L_d、L_q），将测量的数据除以 2 即可。将电机旋转一圈，并记录最大、最小电感值，RLC 表计测试接线示意图如图 6-7 所示。一般表贴式永磁同步电机的最大电感值-电小电感值<平均电感值×15%，内置式永磁同步电机 d 轴和 q 轴的电感是不一样的，一般最大电感值-最小电感值>平均电感值×15%。

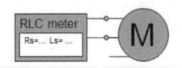

图 6-7　RLC 表计测试接线示意图

（2）无电桥电感测量方法（d 轴）。

在没有电桥时可以使用万用表和示波器，运用简单的方式测量电感。相电阻 R_S 可以使用万用表测定。无 RLC 设备测量 d 轴电感的接线示意图如图 6-8 所示。对于电感测量，需要在电机的两相上增加 DC 电源电压使电流达到额定电流，连接示波器，断开 DC 电源一端，快速上电，测试示波器上电流上升波形，上升到 63%处的时间 $\tau=\dfrac{L_d}{R_\mathrm{S}}$，可以根据该公式计算出电感值。

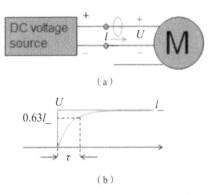

（a）

（b）

图 6-8　无 RLC 设备测量 d 轴电感的接线示意图

（3）无电桥电感测量方法（q 轴）。

无 RLC 设备测量 q 轴电感的接线示意图如图 6-9 所示。按照图 6-9（a）所示连接电机，增加 DC 电源电压的电流为额定电流。在不转动电机的情况下按照图 6-9（b）所示连接电机，连接示波器，断开 DC 电源一端，快速上电，测试示波器上电流上升波形，上升到 63%处的时间 $\tau=\dfrac{3L_q}{2R_\mathrm{S}}$，可以根据该公式计算出电感值。

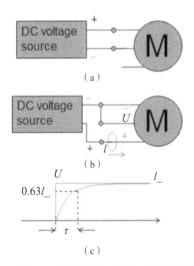

（a）

（b）

（c）

图 6-9　无 RLC 设备测量 q 轴电感的接线示意图

4）测量反电动势

测量反电动势的接线示意图如图 6-10 所示。测量反电动势必须用到示波器，把示波器的地线接至电机的其中一相、探头接至电机的另外一相，使电机旋转起来，此时在示波器上可以看到反电动势。测量相邻峰谷电压差 $U_{\text{Bemf-A}}$ 和相邻峰谷频率 f_{Bemf}，并代入反电动势计算公式（6-29），即可得出反电动势的值。

$$K_e = \frac{U_{\text{Bemf-A}} \cdot 极对数 \cdot 1000}{2\sqrt{2} f_{\text{Bemf}} \cdot 60} \tag{6-29}$$

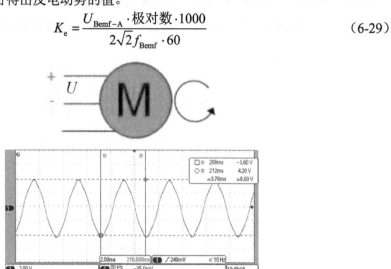

图 6-10　测试反电动势的接线示意图

6.2.5　ST-MC-SDK Motor Profiler 测量电机参数的原理

1）绕组电阻

变频器以 PWM 形式向电机绕组注入一定的电压。在测量绕组中的电流时，需要让转子定位到指定的位置（为第二步做准备），当电压和电流达到稳定值后，利用欧姆定律可获得绕组的电阻，注入电压及绕组中的电流波形如图 6-11 所示。将注入电压和测量的绕组电流代入电阻计算公式（6-30），即可得出绕组电阻的阻值。

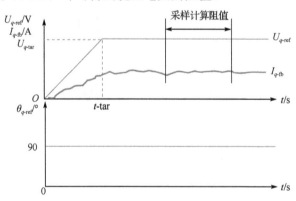

图 6-11　注入电压及绕组中的电流波形

$$R = \frac{\sum_{k=1}^{N} U_{q\text{-ref}}[k]}{\sum_{k=1}^{N} I_{q\text{-fb}}[k]} \tag{6-30}$$

式中，$U_{q\text{-ref}}$ 是 q 轴电压参考值；$I_{q\text{-fb}}$ 是 q 轴电流反馈值；$U_{q\text{-tar}}$ 是 q 轴电压目标值；$t\text{-tar}$ 是当达到电压目标值时对应的时间；$\theta_{q\text{-ref}}$ 是转子电角度的参考值。

2）非凸极特性电机同步电感

变频器以 PWM 形式向电机绕组注入一定的电压，可观察到电机的线电压（或相电压）及绕组中的电流波形，如图 6-12 所示。

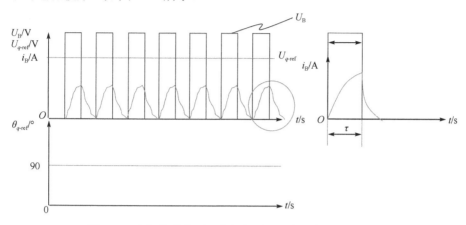

图 6-12　电机的线电压（或相电压）及绕组中的电流波形

先按照一定的占空比向电机绕组加电压，平均电压 $\bar{U} = U_{\text{DC}} \cdot \text{duty}$。占空比 duty 要求在电机绕组中产生断续电流。检测断续电流的最大值 $I_{\text{max}} = \dfrac{\bar{U}}{R}$。调整占空比使最大电流 $I_{\text{max}} = 63.3\% \dfrac{\bar{U}}{R}$，此时的占空比为 duty1，绕组的时间常数 $\tau \approx T \cdot \text{duty1}$。将时间常数代入电感计算公式（6-31），即可得出电机同步电感的值。

$$L = R\tau \tag{6-31}$$

3）发电常数

发电常数的测量需要使转子转动。先在绕组中注入一定频率的交流电压使转子转动起来，然后利用电机的数字模型，根据式（6-32）计算出发电常数 k_{E}。

$$k_{\text{E}} = \frac{U_q - rI_q}{\omega_{\text{e}}} \tag{6-32}$$

4）转动惯量与摩阻系数

电机在空载时的动力学方程为

$$\tau_{\text{e}} = J\frac{\text{d}\omega_{\text{r}}}{\text{d}t} + F\omega_{\text{r}} \tag{6-33}$$

式中，J 是转子绕轴心旋转的转动惯量（kg·m²）；F 是转子在旋转时受到的摩擦力矩系数 [N·m/(rad/s)]，摩擦力矩与转子的角速度成正比；ω_{r} 是转子的角速度（rad/s），如果转子转速为 n_{r}（rpm），那么 $\omega_{\text{r}} = \dfrac{2\pi n_{\text{r}}}{60}$。

在力矩模式下，首先使转子平稳运转到转速 n_{r1}，这时输出的电磁转矩为 τ_{e1}（N·m）；

然后增大输出的电磁转矩为 τ_{e2}，转子的转速增大到 n_{r2} 并平稳运转。如果是平稳运转，那么

$$\tau_{e1} = F\frac{2\pi n_{r1}}{60} \tag{6-34}$$

$$\tau_{e2} = F\frac{2\pi n_{r2}}{60} \tag{6-35}$$

用式（6-35）减去式（6-34），得

$$\tau_{e2} - \tau_{e1} = F\frac{2\pi n_{r2}}{60} - F\frac{2\pi n_{r1}}{60} \tag{6-36}$$

由上式可以得到转子旋转的摩擦转矩系数，即

$$F = \frac{30}{\pi}\frac{\tau_{e2} - \tau_{e1}}{n_{r2} - n_{r1}} \approx 9.55\frac{\tau_{e2} - \tau_{e1}}{n_{r2} - n_{r1}} \tag{6-37}$$

在空载条件下，如果在某个时刻（设为 0 时刻）电磁转矩从 τ_{e1} 改变到 τ_{e2}（阶跃变化），那么在转速从 n_{r1} 变化到 n_{r2} 的过程中，可以得到各个时刻 t 对应的转子角速度，即

$$\omega_r = \omega_{r2} + \left(\omega_{r1} - \omega_{r2}\right)e^{-\frac{t}{\left(\frac{J}{F}\right)}} \tag{6-38}$$

式中，ω_{r1} 是初始转子角速度（rad/s），$\omega_{r1} = \frac{2\pi n_{r1}}{60}$；$\omega_{r2}$ 是电磁转矩从 τ_{e1} 改变到 τ_{e2} 后转子变化后的角速度，$\omega_{r2} = \frac{2\pi n_{r2}}{60}$。

空载条件下转子的动力学分析和速度响应曲线如图 6-13 所示。其中，转子的电磁转矩和摩擦转矩如图 6-13（a）所示，电机的控制系统框图如图 6-13（b）所示。如果测量出电磁转矩，那么电磁转矩从 τ_{e1} 改变到 τ_{e2} 后可以得到转速从 n_{r1} 变化到 n_{r2} 的过程曲线，如图 6-13（c）所示。由式（6-37）可以得到摩擦转矩系数 F，由式（6-39）可以得到曲线的时间常数 t_{mech}，由式（6-40）可以得到转子绕轴线旋转的转动惯量 J。

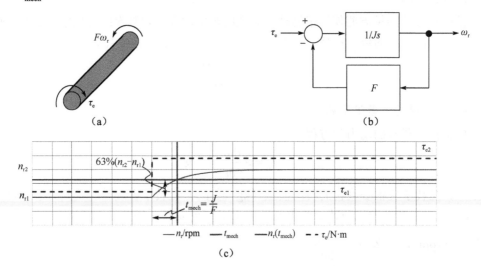

图 6-13   空载条件下转子的动力学分析和速度响应曲线

$$t_{\text{mech}} = \frac{J}{F} \tag{6-39}$$

$$J = F t_{\text{mech}} \tag{6-40}$$

6.3　SVPWM 控制技术

　　永磁同步电机的工作原理，简单来说就是定子绕组通入三相交流电产生旋转磁场，转子为永磁体，定子、转子两个磁场相互作用，产生转矩使电机转动，转速为同步转速。

　　空间矢量脉冲宽度调制（Space Vector Pulse Width Modulation，SVPWM）的控制策略是依据逆变器空间电压（电流）的矢量切换来控制逆变器的一种新颖思路和控制策略。SVPWM 控制技术在电压源逆变器供电的情况下，以三相对称正弦电压产生的圆形磁链为基准，通过逆变器开关状态的选择产生 PWM 波形，使得实际磁链轨迹逼近圆形磁链轨迹，并较好地改善电源电压的利用效率。

6.3.1　三相电压的空间矢量表示

　　三相电机空间矢量示意图如图 6-14 所示。电机定子三相绕组轴线 A、B、C 构成空间三相轴系，如图 6-14（a）所示。在图 6-14（b）中，使 A 轴与 Re 轴重合，此时 B 轴的空间位置角度为 $e^{j\frac{2\pi}{3}}$，C 轴的空间位置角度为 $e^{j\frac{4\pi}{3}}$，即 $e^{-j\frac{2\pi}{3}}$。当定子三相绕组分别通入图 16-4（a）所示的正向电流 i_A、i_B、i_C 时，会产生沿着各自绕组轴线脉动的空间磁动势波。三相绕组的轴线在空间呈 $120°$ 对称分布。

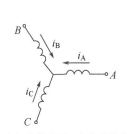

（a）电机定子三相绕组轴线

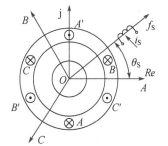

（b）三相电机轴向断面与空间复平面

图 6-14　三相电机空间矢量示意图

　　假设三相对称正弦相电压的瞬时值分别表示为

$$\begin{cases} u_A = U_m \cos \omega t \\ u_B = U_m \cos\left(\omega t - \dfrac{2\pi}{3}\right) \\ u_C = U_m \cos\left(\omega t - \dfrac{4\pi}{3}\right) = U_m \cos\left(\omega t + \dfrac{2\pi}{3}\right) \end{cases} \tag{6-41}$$

式中，U_m 为相电压幅值；$\omega = 2\pi f$ 为相电压角频率。三相相电压 u_A、u_B、u_C 对应的空间电压矢量为

$$U_{\text{out}} = u_A + e^{j\frac{2\pi}{3}} u_B + e^{-j\frac{2\pi}{3}} u_C = \frac{3}{2} U_m e^{j\omega t} \tag{6-42}$$

可见，U_{out} 是一个旋转的空间矢量，幅值为相电压峰值的 1.5 倍，且以角频率 ω 按逆时针方向匀速旋转，顶点的运动轨迹为一个圆。根据空间矢量变换的可逆性，可以想象，若空间电压矢量 U_{out} 顶点的运动轨迹为一个圆，则原三相电压就是三相对称正弦波。三相对称正弦电压供电是理想的供电方式，也是逆变器交流输出电压控制的追求目标。通过空间矢量变换，可以将逆变器三相输出 3 个标量的控制问题转化为输出 1 个矢量的控制问题。

补充说明：并非在空间中真的有这样一个旋转的电压矢量，此处是为了后面研究问题方便而做的一种等效。正如旋转电机中的"旋转磁场"概念，在空间中，磁场的分布是布满全空间的，并不是由一个矢量在空间旋转，而是磁通密度最大的位置在空间中连续变化，仿佛是它在绕着一个固定点旋转。

6.3.2　SVPWM 算法的合成原理

两电平三相电压源逆变器控制三相电机如图 6-15（a）所示。定义开关量 s_A、s_B、s_C、s_A'、s_B'、s_C' 表示 6 个功率开关器件的开关状态。当 s_A 或 s_B 或 s_C 为 1 时，逆变器电路上桥臂的开关器件开通（ON），下桥臂的开关器件关断（s_A' 或 s_B' 或 s_C' 为 0，OFF）；反之，当 s_A 或 s_B 或 s_C 为 0 时，上桥臂的开关器件关断（OFF），下桥臂的开关器件开通（s_A' 或 s_B' 或 s_C' 为 1，ON）。由于同一桥臂的上、下开关器件不能同时导通，因此上述逆变器 3 路逆变桥的开关状态组合（s_{ABC}）一共有 8 种，可以得到 8 个基本电压空间矢量，包括 6 个非零矢量和 2 个零矢量。图 6-15（b）所示为在不同开关模式下的电压矢量图（矢量方向与三相电机方向一致）。

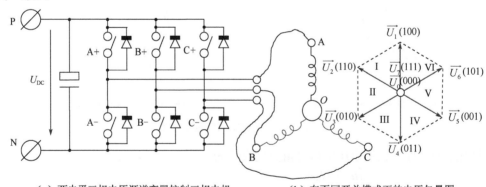

（a）两电平三相电压源逆变器控制三相电机　　（b）在不同开关模式下的电压矢量图

图 6-15　控制电路和电压矢量示意图

我们以其中一种开关组合为例进行分析。假设 $s_{ABC} = 100$，矢量 $\vec{U_1}(100)$ 状态下的电路连接示意图如图 6-16 所示。

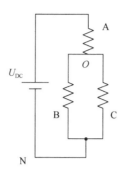

图 6-16　矢量 $\overrightarrow{U_1}$ (100)状态下的电路连接示意图

$$\begin{cases} U_{AB} = U_{DC}, U_{BC} = 0, U_{CA} = -U_{DC} \\ U_{AO} - U_{BO} = U_{DC}, U_{AO} - U_{CO} = U_{DC} \\ U_{AO} + U_{BO} + U_{CO} = 0 \end{cases} \quad (6\text{-}43)$$

求解上述方程组，可得 $U_{AO} = \dfrac{2}{3}U_{DC}$、$U_{BO} = -\dfrac{1}{3}U_{DC}$、$U_{CO} = -\dfrac{1}{3}U_{DC}$。同理，可计算出其他各种组合下的空间电压矢量，电压矢量对应各功率开关的状态与电机三个端相对于参考点 N、电机相电压之间的关系如表 6-2 所示。

表 6-2　电压矢量对应各功率开关的状态与电机三个端相对于参考点 N、电机相电压之间的关系

	A+ (A−)	B+ (B−)	C+ (C−)	U_{AN}	U_{BN}	U_{CN}	U_{AO}	U_{BO}	U_{CO}
$\overrightarrow{U_0}$ (000)	OFF (ON)	OFF (ON)	OFF (ON)	0	0	0	0	0	0
$\overrightarrow{U_1}$ (100)	ON (OFF)	OFF (ON)	OFF (ON)	U_{DC}	0	0	$2U_{DC}/3$	$-U_{DC}/3$	$-U_{DC}/3$
$\overrightarrow{U_2}$ (110)	ON (OFF)	ON (OFF)	OFF (ON)	U_{DC}	U_{DC}	0	$U_{DC}/3$	$U_{DC}/3$	$-2U_{DC}/3$
$\overrightarrow{U_3}$ (010)	OFF (ON)	ON (OFF)	OFF (ON)	0	U_{DC}	0	$-U_{DC}/3$	$2U_{DC}/3$	$-U_{DC}/3$
$\overrightarrow{U_4}$ (011)	OFF (ON)	ON (OFF)	ON (OFF)	0	U_{DC}	U_{DC}	$-2U_{DC}/3$	$U_{DC}/3$	$U_{DC}/3$
$\overrightarrow{U_5}$ (001)	OFF (ON)	OFF (ON)	ON (OFF)	0	0	U_{DC}	$-U_{DC}/3$	$-U_{DC}/3$	$2U_{DC}/3$
$\overrightarrow{U_6}$ (101)	ON (OFF)	OFF (ON)	ON (OFF)	U_{DC}	0	U_{DC}	$U_{DC}/3$	$-2U_{DC}/3$	$U_{DC}/3$
$\overrightarrow{U_7}$ (111)	ON (OFF)	ON (OFF)	ON (OFF)	0	0	0	0	0	0

6 个非零电压矢量将整个空间分为 6 个扇区，所有非零电压空间矢量的端点连线构成一个正六边形，电压空间矢量图如图 6-17 所示。空间中任意的电压矢量 $\overrightarrow{U}$ 可由其相邻的两个非零电压矢量叠加形成。从几何上看，三相相电压合成电压矢量的所有情况均被限制在正六边形内部，即从正六边形的中心 O 点出发，终点落在正六边形边界上的一系列矢量。若某个电压矢量的模值较大，如图 6-17 中的电压矢量 $\overrightarrow{U'}$，则其终点会落到图中阴影区，实

际上是无法输出对应模值的，只能沿着正六边形的边运动。这样在电压矢量 $\vec{U'}$ 的旋转中，无法保证幅度（模值）不变。我们把这种情况称为非线性输出。但本书讲述的是一般情况下电压矢量模值不变的输出方式，即线性区域内的 SVPWM。所以，规定电压矢量的模值不大于正六边形的内切圆半径。

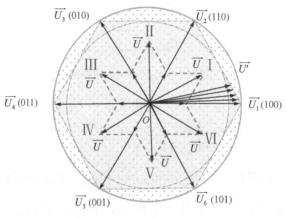

图 6-17   电压空间矢量图

SVPWM 算法的理论基础是平均值等效原理，即在一个开关周期 T 内通过对基本电压矢量加以组合，使其平均值与给定电压矢量相等。在某个时刻，由于全桥逆变电路只能有一个开关组合，因此只能输出一个空间电压矢量。为了解决这个问题，引入一个平均值的概念，即在一段时间内，全桥逆变器分时段输出不同的空间电压矢量，只要两个空间电压矢量在这段时间内的平均值与给定的空间电压矢量相等，就能满足要求。根据采样控制理论，当冲量相等而形状不同的窄脉冲作用于惯性系统时，其输出响应基本相同，且脉冲越窄，输出的差异越小。在 T 时间内，一个电压矢量 $\vec{U}$ 相当于一个电压脉冲，如果 T 足够小，那么该电压脉冲也就足够窄。如果 $\vec{U}T = \vec{U_1}t_1 + \vec{U_2}t_2$，$t_1 + t_2 \leqslant T$，即将原来的窄脉冲 $\vec{U}T$ 分为两个窄脉冲 $\vec{U_1}t_1$ 和 $\vec{U_2}t_2$，那么这两个窄脉冲作用于惯性系统（电机的绕组）所得到的响应（激励出的电流）相同。当时间分段足够精细时，就可以近似地认为空间电压矢量在连续旋转。电压空间矢量分时合成如图 6-18 所示。

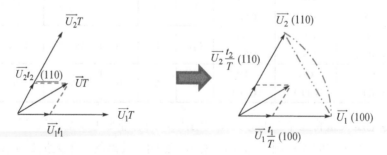

图 6-18   电压空间矢量分时合成

在图 6-18 中，空间电压矢量 $\vec{U_1}$ 作用 t_1s，空间电压矢量 $\vec{U_2}$ 作用 t_2s，在周期 T 以内，

两个空间矢量合成后的平均值与给定的空间电压矢量相等，即

$$\begin{cases} \vec{U} = \dfrac{t_1}{T}\vec{U_1} + \dfrac{t_2}{T}\vec{U_2} \\ t_1 + t_2 \leqslant T \end{cases} \tag{6-44}$$

如果 $t_1 + t_2 < T$，那么其余的时间用零电压矢量 $\vec{U_0}$ 或 $\vec{U_7}$ 来填充就可以了。由全桥逆变器输出的两个相邻的非零空间电压矢量的终点连线与两个电压矢量构成一个正三角形。如果给定的空间电压矢量的终点落到两个电压矢量终点的连线上，那么 $t_1 + t_2 = T$。前面已经说过，为了保证 SVPWM 线性输出，电压矢量的模值不大于正六边形的内切圆半径，这也就确保了 $t_1 + t_2 \leqslant T$。

从表 6-2 中可以看到，各非零电压输出电压（相电压）的最大值为直流母线电压的 $\dfrac{2}{3}$，即 $\dfrac{2U_{DC}}{3}$，所以矢量空间内切圆半径的最大值为 $\dfrac{\sqrt{3}}{2} \times \dfrac{2U_{DC}}{3} = \dfrac{\sqrt{3}}{3}U_{DC}$，即电压矢量的幅值不大于 $\dfrac{\sqrt{3}}{3}U_{DC}$。在 X-CUBE-MCSDK 5.4.x 中，PWM 的标幺值选取的基值就是 $\dfrac{\sqrt{3}}{3}U_{DC}$。也就是说，当 PWM 的占空比为 100% 时，对应的输出电压（相电压）幅值为 $\dfrac{\sqrt{3}}{3}U_{DC}$，线电压幅值为 U_{DC}。

在 ST 的 α-β 坐标系下，在一个 PWM 载波周期 T 内，有

$$\begin{cases} u_\alpha = \left|\vec{U_1}\right|\dfrac{t_1}{T} + \left|\vec{U_2}\right|\dfrac{t_2}{T}\cos 60° \\ u_\beta = -\left|\vec{U_2}\right|\dfrac{t_2}{T}\sin 60° \end{cases} \tag{6-45}$$

$$\left|\vec{U_1}\right| = \left|\vec{U_2}\right| = \dfrac{\sqrt{3}}{3}U_{DC} \tag{6-46}$$

于是有

$$\begin{cases} \dfrac{u_\alpha}{\dfrac{\sqrt{3}}{3}U_{DC}} = \dfrac{t_1}{T} + \dfrac{t_2}{T}\cos 60° \\ \dfrac{u_\beta}{\dfrac{\sqrt{3}}{3}U_{DC}} = -\dfrac{t_2}{T}\sin 60° \end{cases} \tag{6-47}$$

由 u_α 和 u_β 可以求出 t_1 和 t_2。如果按图 6-19 所示的零矢量插入方式中箭头所指路径，即零矢量分散插入输出 PWM，那么 I 扇区 ABC 三相的 PWM 波形及电压矢量作用时间如图 6-20 所示。其中，CCR 为各相比较寄存器的值。

$$t_0 = t_7 = \dfrac{T - (t_1 + t_2)}{2} \tag{6-48}$$

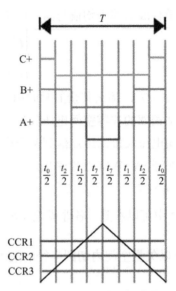

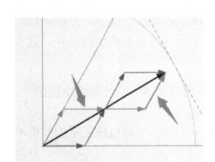

图 6-19　零矢量插入方式

图 6-20　I 扇区 ABC 三相的 PWM 波形
及电压矢量作用时间

6.3.3　SVPWM 算法的实现

在 X-CUBE-MCSDK 5.4.x 中，我们用以下步骤实现 SVPWM 的输出。

（1）在 FOC 的电流控制中，用 $\dfrac{U_{DC}}{2}$ 作为标幺值选取基值，得到 d 轴和 q 轴电压的标幺值 U_q 和 U_d。

（2）由反 Clark 变换得到 α、β 的标幺值 u_α^* 和 u_β^*。

（3）先引入变换

$$\begin{cases} u'_\alpha = \sqrt{3}u_\alpha^* = \sqrt{3}\dfrac{u_\alpha}{\dfrac{U_{DC}}{2}} \\[4mm] u'_\beta = -u_\beta^* = -\dfrac{u_\beta}{\dfrac{U_{DC}}{2}} \end{cases} \tag{6-49}$$

再引入中间变量

$$\begin{cases} x = u'_\beta \\[2mm] y = \dfrac{u'_\beta + u'_\alpha}{2} \\[2mm] z = \dfrac{u'_\beta - u'_\alpha}{2} \end{cases} \tag{6-50}$$

由式

$$\begin{cases} \dfrac{u_\alpha}{\dfrac{\sqrt{3}}{3}U_{\text{DC}}} = \dfrac{t_1}{T} + \dfrac{t_2}{T}\cos60° \\[4mm] \dfrac{u_\beta}{\dfrac{\sqrt{3}}{3}U_{\text{DC}}} = -\dfrac{t_2}{T}\sin60° \end{cases} \tag{6-51}$$

可得

$$\begin{cases} \dfrac{t_1}{T} = \dfrac{\sqrt{3}u_\alpha}{U_{\text{DC}}} + \dfrac{1}{2}\dfrac{u_\beta}{\dfrac{U_{\text{DC}}}{2}} \\[4mm] \dfrac{t_2}{T} = -\dfrac{u_\beta}{\dfrac{U_{\text{DC}}}{2}} \end{cases} \tag{6-52}$$

即

$$\begin{cases} \dfrac{t_1}{T} = \dfrac{u'_\alpha}{2} - \dfrac{u'_\beta}{2} = -z \\[3mm] \dfrac{t_2}{T} = \dfrac{u'_\beta}{2} = x \end{cases} \tag{6-53}$$

同理，可以推导出其他扇区内 t_1 和 t_2 的值，如表 6-3 所示。

表 6-3　其他扇区内 t_1 和 t_2 的值

扇　区　号	t_1	t_2
I	$-z$	x
II	z	y
III	x	$-y$
IV	$-x$	z
V	$-y$	$-z$
VI	$-x$	y

　　ST-MC-SDK 自带的函数库中提供了 SVPWM 的程序文件，其文件夹位置在 xxx\MC_SDK_5.4.7\Middlewares\ST\MototrControl\MCSDK\MCLib\Any\Src 中，文件名为 pwm_curr_fdbk.c，函数在使用时调用 PWMC_SetPhaseVoltage。

6.4　三相永磁同步电机的矢量控制

6.4.1　PMSM 矢量控制基本原理

　　磁场定向控制（Field Oriented Control，FOC）又称矢量控制。矢量控制采用参数重构和状态重构的现代控制理论概念，实现了交流电机定子电流的励磁分量和转矩分量之间的解耦，将交流电机的控制过程等效为直流电机的控制过程，使交流调速获得可以和直流调速相媲美的动态和静态性能。这种解耦保证了复杂三相电机的控制方式与采用单独励磁直流电机的控制方式一样简单。

矢量控制的基本思想是通过坐标变换将对三相交流电的控制转换为对产生转矩的 q 轴电流和产生磁场的 d 轴电流的控制，从而实现转矩和励磁的独立控制，即在磁场定向坐标中，将定子电流矢量分解成产生转矩的转矩电流分量（交轴电流 I_q）和产生磁通的励磁电流分量（直轴电流 I_d），并使两分量互相垂直、彼此独立，分别调节两分量，可达到控制电机转矩的目的。

PMSM 的矢量控制主要为速度和电流双闭环：速度环的速度调节器输出给定电流，由于转矩正比于电流，因此也可以得到给定转矩；电流环的电流调节器输出给定电压。双闭环矢量控制流程如下：将当前系统的期望机械转速与通过编码器或速度观测器得到的实际机械转速的差值作为速度调节器的输入，采集得到的三相相电流 $i_{A,B,C}$ 经过矢量变换得到旋转坐标系下的 I_d 和 I_q，电机上位置或速度传感器的信息被采集后，得到控制程序需要的转速和位置。根据双闭环运行模式，外部给定或初始设定好的转速经过转速环的 PI 调节器后，进入电流环相应的 PI 模块，进入坐标变换后，再将控制信息给空间矢量调制模块，输出对应的 PWM 脉冲控制信号，通过逆变器输出三相电压，直接控制电机，逆变器输出电压再通过坐标变换可以得到实际电流值，使系统形成闭环。

三相 PMSM 的矢量控制框图如图 6-21 所示。矢量控制系统包括速度调节器（Automatic Speed Regulator，ASR）和电流调节器（Automatic Current Regulator，ACR）两种调节器，采用速度环与电流环的串级结构。电流调节器在内环，速度调节器在外环。外环速度调节器的设定值是 $f_{r\text{-ref}}$（f_r^*），实际值就是实际的速度 $f_{r\text{-fb}}$（f_r），利用转速给定值和实时转速相减得到转速误差值，将转速误差值经过速度调节得到转矩电流指令，控制值就是参考转矩 $I_{q\text{-ref}}$（I_q^*）或 τ_{ref}（τ^*），传递函数是转动方程 $\dfrac{1}{Js+F}$ 与阻尼和与转动惯量相关的参数共同形成的实际输出，速度环控制的输出是 $I_{q\text{-ref}}$（I_q^*）。电流调节器的设定值是速度环输出的参考值 $I_{d/q\text{-ref}}$（$I_{d/q}^*$），在正常情况下是 $I_{d\text{-ref}}=0$ 的控制，$I_{d\text{-ref}}\neq0$ 是在复杂控制时使用的。实际值就是 $i_{A,B,C}$ 实际的电流值解耦出来的 $I_{d/q\text{-fb}}$（$I_{d/q}$），电流反馈值与设定值进行比较形成电流环，所得电流误差值经过电流调节器得到电压给定值，控制量是两个电压值 $U_{d/q\text{-ref}}$（$U_{d/q}^*$），经过的传递函数是分别与电机电阻和电感相关的两个量，相关参数的设置是控制算法实现的基础。

根据使用场合及功率等级的要求，PMSM 的矢量控制对电流控制方式的选择也有所不同。目前常用的方法包括 $i_d=0$ 控制、功率因数 $\cos\varphi=1$ 控制、恒磁链控制、弱磁控制、最大转矩电流比控制和最大输出功率控制。其中，$i_d=0$ 控制和最大转矩电流比控制应用广泛：前者主要用于表贴式三相 PMSM；后者主要用于内置式三相 PMSM。对于表贴式 PMSM，$i_d=0$ 控制和最大转矩电流比控制是等价的。当 $i_d=0$ 时，没有电流也就不会产生对应的励磁磁场，转子中自身永磁体产生的磁场就不会被影响。此时，i_q 将产生对应的转矩磁场，形成电磁转矩让 PMSM 随 i_q 的大小进行速度的调节。$i_d=0$ 控制方便、容易实现、转矩性能好、使用范围广泛。

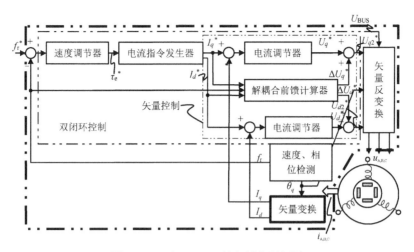

图 6-21　三相 PMSM 的矢量控制框图

最大转矩电流比控制在凸极 PMSM 中应用广泛，能够实现电机的最大转矩输出，当应用在隐极式 PMSM 中时，相当于 i_d =0 控制。当 PMSM 处于恒转矩运行模式时，每条恒转矩曲线上都存在着无数个 d 轴电流 i_d 和 q 轴电流 i_q 的组合，恒转矩曲线上每一个点的转矩都相等，在这无数个 i_d 和 i_q 的组合中，只能找到一个组合使得定子电流矢量有最小的幅值。最大转矩电流比控制在输出转矩恒定的条件下保证供给电流最小，或者说，在单位电流作用下保证输出转矩达到最大，延长电机使用寿命。如果不计电机产生的损耗，最大转矩电流比控制提高了电机效率。虽然可以降低逆变器的容量来达到同样的控制效果，使系统成本降低，但是随着转矩逐渐增大，电机功率因数的下降也会很快。

6.4.2　PMSM 的电流环 PI 控制

电流环 PI 控制的目的是控制电机的电流，使得电机端三相电流经由坐标变换得到的两相旋转坐标系电流能跟随转速环输出的需求电流：d 轴需求电流分量 $I_{d\text{-ref}}$ =0；q 轴需求电流分量为转速环 PI 控制得到的值，为内环部分，需满足快速响应且电流波动小的要求，是转矩控制的重要组成部分。电流环的性能决定了整个控制系统的精度和响应速度。

电流环控制框图如图 6-22 所示。比例积分的参数设置如式（6-54）所示。需要基于实际的物理模型进行 $K_{\text{P-ACR-}d/q}$ 和 $K_{\text{I-ACR}}$ 的设置。

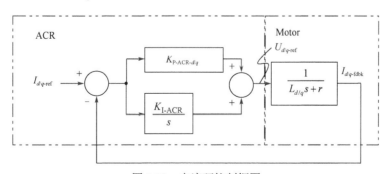

图 6-22　电流环控制框图

$$\begin{cases} K_{\text{P-ACR-}d} = L_d \omega_{\text{B-ACR}} \\ K_{\text{P-ACR-}q} = L_q \omega_{\text{B-ACR}} \\ K_{\text{I-ACR}} = r \omega_{\text{B-ACR}} \end{cases} \tag{6-54}$$

理论上，在研究时将 $K_{\text{P-ACR-}d/q}$ 和 $K_{\text{I-ACR}}$ 放在拉普拉斯域中进行设定。当把 $K_{\text{P-ACR-}d/q}$ 的值设置成电感乘以带宽，把 $K_{\text{I-ACR}}$ 的值设置成电机电阻乘以带宽时，可以看到电流调节器的开环增益为

$$G_{\text{ACR-openloop}}(s) = \left(K_{\text{P-ACR-}d/q} + \frac{k_{\text{I-ACR}}}{s} \right) \frac{1}{L_{d/q}s + r} = \frac{\omega_{\text{B-ACR}}}{s} \tag{6-55}$$

正常的物理模型是两阶的，电流输入进来先变成电压，然后变成电流，令 $K_\text{P}/K_\text{I} = L_\text{S}/R_\text{S}$，经过增益运算之后，零、极点相消，转换为一个低阶积分的稳定系统。环路越少，控制越好，这种设置是比较合适并且安全可靠的一种方式。K_P、K_I 是成比例的，在调节时，只要调节期望闭环带宽 ω_C 即可。在实际的 ST-MC-SDK WB 中是加入实际的物理量来设置的，要求电机的物理参数 R_S、L_S、K_e 一定要准确。

6.4.3 PMSM 的速度环 PI 控制

速度环 PI 控制的目的是通过控制电机转速，使得电机实际转速能够快速跟随需求调速，为外环部分。要满足快速调速且稳速的要求，需消除外界因素的干扰。在给定直轴电流 I_d=0 的情况下，速度环中速度调节器的输出决定了交轴电流的设置。

速度环控制框图如图 6-23 所示，比例积分的参数设置如式（6-56）所示。速度调节器和电流调节器具有相同性，需要基于实际的物理模型进行 $K_{\text{P-ASR}}$ 和 $K_{\text{I-ASR}}$ 的设置。速度环跟转动的物理模型息息相关，转动惯量、阻尼系数和给定的增益等是符合物理模型的。参考速度和反馈的速度先经过电流 PI 调节器形成的 I_q 和增益，再经过实际电机的转动惯量、阻尼系数模型输出。和电流环 PI 控制类似，在调节时只要调节期望闭环带宽 ω_C 即可。速度环 PI 调节器的参数整定方法通常从工程实际出发，采用自动控制原理中的典型 II 系统进行 PI 参数整定。

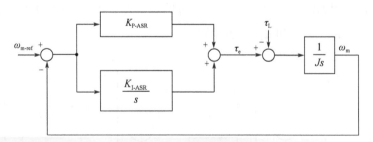

图 6-23 速度环控制框图

$$\begin{cases} K_{\text{P-ASR}} = J \omega_{\text{B-set}} \\ K_{\text{I-ASR}} = K_{\text{P-ASR}} \dfrac{\omega_{\text{B-set}}}{n^2} \end{cases} \tag{6-56}$$

第 **7** 章

基于 P-NUCLEO-IHM03 套件的电机入门控制实例

对初学者来说，如何快速实现电机的转动，如何对电机进行调速、启动和停止等操作，如何得到电机状态、清除报错及让电机重新运行等都是需要掌握的电机控制基本技能。本章分为 6 小节，每小节为一个实例，每个实例都配有详细的步骤和解释，带领读者逐步学习基于 P-NUCLEO-IHM03 套件的电机入门控制。具体内容包括无感 FOC 快速控制实例、无感方波控制实例、无感速度模式控制实例、旋钮控制电机运行速度实例、故障处理及恢复实例和 API 函数应用实例。

7.1 无感 FOC 快速控制实例

1）实验目标

（1）初步掌握 MC-SDK V5.4 的基本操作。

（2）实现电机的无感 FOC 快速控制。

2）实验条件

（1）硬件平台：P-NUCLEO-IHM03 套件。

（2）软件平台：ST Motor Control SDK 5.4、STM32CubeMX、STM32CubeIDE。

3）实验步骤

参考视频：《Getting starting with P-NUCLEO-IHM03》。

打开 ST 官网主页，在 Tools & Software 菜单栏下选择 "Evaluation Tools" → "Product Evaluation Tools" → "STM32 Nucleo expansion boards" 命令，在 "Product selector" 选项卡下单击 "P-NUCLEO-IHM03" → "Open product page" 按钮，下拉至界面下方查看参考视频，如图 7-1 所示。

（1）打开软件 ST Motor Control SDK 5.4，单击 "New Project" 按钮，打开 "New Project" 对话框，选择开发板型号，如图 7-2 所示，在 "Control" 栏

图 7-1　参考视频

中的下拉列表里选择"NUCLEO-G431RB"板。

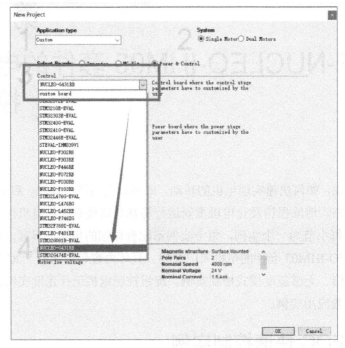

图 7-2　选择开发板型号

在"Power"栏中的下拉列表里选择"X-NUCLEO-IHM16M1 3Sh"驱动板，如图 7-3
所示。

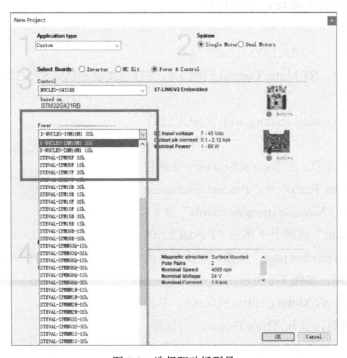

图 7-3　选择驱动板型号

在"Motor"栏中的下拉列表里选择"GimBal GBM2804H-100T",如图 7-4 所示。配置完成后,单击"OK"按钮,弹出电机参数导入工程的信息提示对话框,如图 7-5 所示。

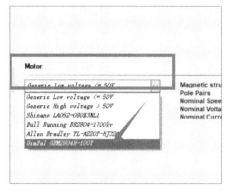

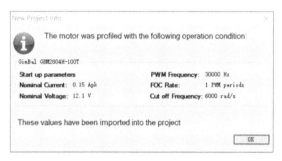

图 7-4　选择电机型号　　　　　　图 7-5　电机参数导入工程的信息提示对话框

(2)生成工程。

新建工程后的 ST Motor Control Workbench 主界面如图 7-6 所示,单击"Speed Sensing"按钮,打开速度位置反馈管理界面,如图 7-7 所示。其中,在"Sensor selection"下拉列表里选择"Sensor-less(Observer+PLL)",可以看出本实例采用无感 FOC 方式来实现对永磁同步电机的控制。

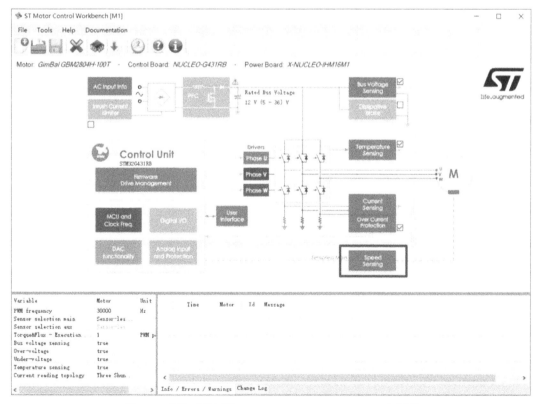

图 7-6　新建工程后的 ST Motor Control Workbench 主界面

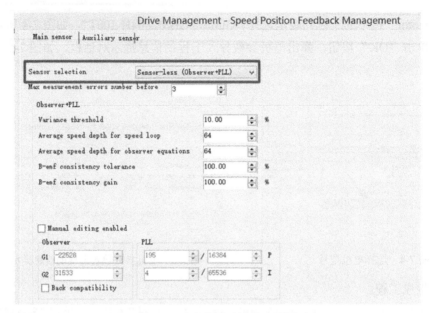

图 7-7　速度位置反馈管理界面

单击 ST Motor Control Workbench 主界面菜单栏中的"Tools"选项卡，选择"Generation"命令后输入工程名字并进行保存。工程命名保存界面如图 7-8 所示。

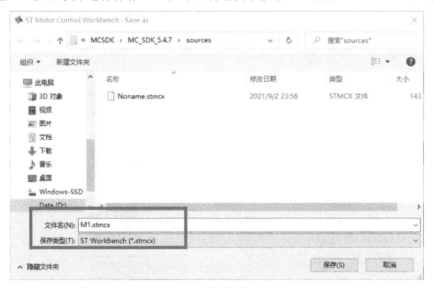

图 7-8　工程命名保存界面

在图 7-9 所示的工程生成配置界面，"Target Toolchain"下拉列表在参考视频中选用的是"IAR EWARM IDE"，此处建议选用"ST STM32CubeIDE"或"Keil MDK-ARM"。选择后单击"GENERATE"按钮，打开工程生成完成界面，如图 7-10 所示。单击"RUN STM32CubeIDE"按钮即可打开 STM32CubeMX。注意固件包的版本要求，若版本不匹配，则可以更新 STM32CubeMX，下载对应版本的固件包。

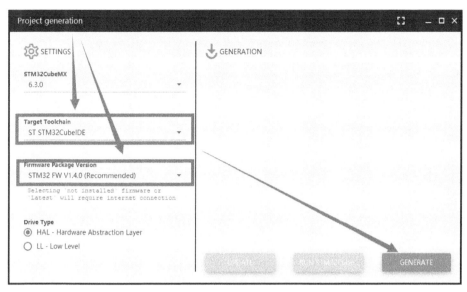

图 7-9　工程生成配置界面

图 7-10　工程生成完成界面

STM32CubeMX 主界面如图 7-11 所示，在"Project Manager"选项卡下选择"Toolchain/IDE"及版本后，单击"GENERATE CODE"按钮，弹出代码生成成功的提示对话框，如图 7-12 所示，单击"Open Project"按钮，打开选择工作空间目录对话框（见图 7-13），单击"Launch"按钮，进入 STM32CubeIDE，找到 main.c 文件，单击编译按钮，待编译完成后，单击运行按钮即可。编译运行界面如图 7-14 所示。发布配置界面如图 7-15所示。

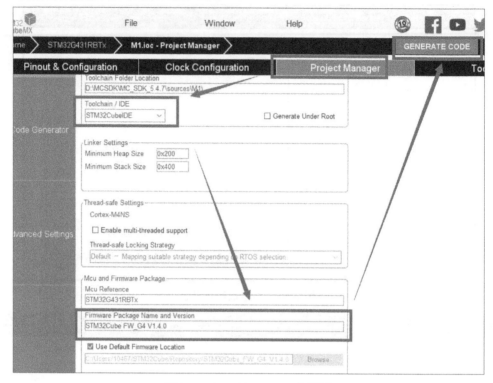

图 7-11　STM32CubeMX 主界面

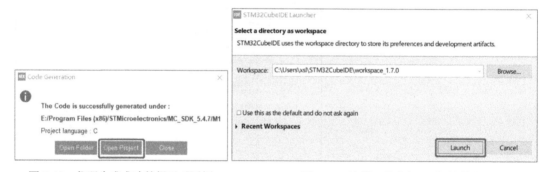

图 7-12　代码生成成功的提示对话框　　　　　图 7-13　选择工作空间目录对话框

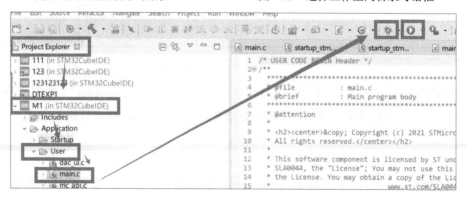

图 7-14　编译运行界面

图 7-15　发布配置界面

打开 ST Motor Control Workbench，电机控制监测界面如图 7-16 所示。按图 7-16 所示步骤连接设备。在"Advanced"选项卡中可以查看调整参数。单击图 7-16 中右侧的"Start Motor"按钮即可转动电机。在"Monitor"栏中可观测到实时转速。

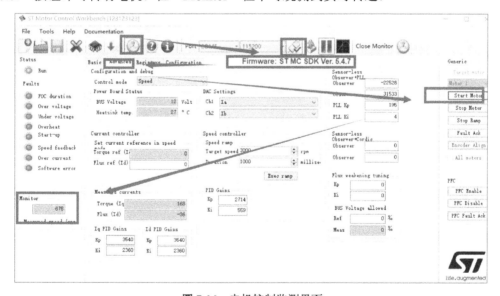

图 7-16　电机控制监测界面

7.2　无感方波控制实例

1）实验目标

（1）了解电机的基本结构，熟悉 BLDCM 方波控制的基本原理。

（2）根据 BLDCM 方波控制的基本原理，并结合前面学习的有关 STM32G4 的知识，通过 STMotor Control Workbench 5.4.8 软件包中自带的 6-Steps speed regulation using the P-NUCLEO-IHM03 kit 示例程序，基于 P-NUCLEO-IHM03 套件实现无刷直流电机方波控制。

2）实验条件

（1）硬件平台：P-NUCLEO-IHM03 套件。

（2）软件平台：ST Motor Control SDK 5.4、STM32CubeMX（6.1.1 版本及以上）、Keil 5（5.33 版本及以上）。

3）X-NUCLEO-IHM16M1 三相驱动板的硬件设置

为了运行示例程序，X-NUCLEO-IHM16M1 三相驱动板应做如下设置（X-NUCLEO-IHM16M1 三相驱动板的跳线接口如图 2-17 所示）：

- 将跳线 J5 和 J6 设置在打开位置；
- 将跳线 J2 设置在 1-2 位置；
- 将跳线 J3 设置在 2-3 位置；
- 可选择关闭焊桥 JP4 和 JP7，因为它们仅对电流检测起作用，且在本实例中并未涉及。

4）实验步骤

（1）打开示例工程。

打开 ST Motor Control Workbench 5.4.8 软件，在软件自带例程中找到 "Six-Step drive with P-NUCLEO-IHM003 kit" 并双击打开，如图 7-17 所示。在打开时会跳出 Readme.txt 文件，同时弹出图 7-18 所示的提示对话框，仔细查看 Readme.txt 文件后单击 "确定" 按钮，以打开该示例工程。

Example Projects

Filename	Type	SDK	MCUs	control board	power board	motor
B-G431B-ESC1 electronic speed control	SINGLE	5.4.5	STM32G431CB	B-G431B-ESC1	B-G431B-ESC1	Shinano LA052-080E3NL1
STEVAL-ESC001V1 electronic speed control	SINGLE	5.4.0	STM32F303CB	STEVAL-ESC001V1	STEVAL-ESC001V1	Bull Running BR2804-1700kv
Gimbal motor	SINGLE	5.1.0	STM32F303xE	NUCLEO-F303RE	X-NUCLEO-IHM18M1	GimBal GBM2804H-100T
Saw tooth speed ramp	SINGLE	5.1.0	STM32F303xE	NUCLEO-F303RE	X-NUCLEO-IHM07M1	Bull Running BR2804-1700kv
Speed ramp and CCMRAM	SINGLE	5.1.0	STM32F303xE	NUCLEO-F303RE	X-NUCLEO-IHM07M1	Bull Running BR2804-1700kv
Dual Drive and CCMRAM	DUAL	5.1.0	STM32F303xE	STM32303E-EVAL	STEVAL-IHM045V1	Shinano LA052-080E3NL1
STEVAL-CTM010V1 dual drive with PFC	DUAL	5.4.3	STM32F303VB	STEVAL-CTM010V1	STEVAL-CTM010V1	Selni
Power Factor Correction	SINGLE	5.1.0	STM32F103 High Density	STEVAL-IHM034V2	STEVAL-IHM034V2	Allen Bradley TL-A220P-HJ32AN
STM32G081 based, Single-Shunt configuration using HAL	SINGLE	5.3.0	STM32G081RB	STM32G081B-EVAL	STEVAL-IHM023V3	Shinano LA052-080E3NL1
STM32G081, Single-Shunt configuration using LL	SINGLE	5.3.0	STM32G081RB	STM32G081B-EVAL	STEVAL-IHM023V3	Shinano LA052-080E3NL1
Six-Step drive with P-NUCLEO-IHM003 kit	SINGLE	5.4.2	STM32G431RB	NUCLEO-G431RB	X-NUCLEO-IHM16M1	GimBal GBM2804H-100T
Six-Step drive with NUCLEO-G431RB, IHM07M1 and BullRunning motor	SINGLE	5.4.1	STM32G431RB	NUCLEO-G431RB	X-NUCLEO-IHM07M1	Bull Running BR2804-1700kv
Six-Step drive with NUCLEO-G431RB, IHM08M1 and Shinano motor	SINGLE	5.4.1	STM32G431RB	NUCLEO-G431RB	X-NUCLEO-IHM08M1	SHINANO: LA052-080E3NL1-3202
Six-Step drive with NUCLEO-G431RB, IHM16M1 and BullRunning motor	SINGLE	5.4.2	STM32G431RB	NUCLEO-G431RB	X-NUCLEO-IHM16M1	Bull Running BR2804-1700kv
Single drive and CCMRAM with Nucleo-G431RB, IHM07M1 and Shinano motor	SINGLE	5.4.4	STM32G431RB	NUCLEO-G431RB	X-NUCLEO-IHM07M1	Shinano LA052-080E3NL1
Six-Step drive with NUCLEO-F401RE, IHM07M1 and BullRunning motor	SINGLE	5.4.1	STM32F401RE	NUCLEO-G431RB	X-NUCLEO-IHM07M1	Bull Running BR2804-1700kv
Six-Step drive with STSPIN3204	SINGLE	5.4.2	STSPIN32F0A	STEVAL-SPIN3204	STEVAL-SPIN3204	Bull Running BR2804-1700kv

图 7-17　示例例程选择

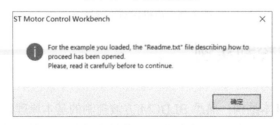

图 7-18　提示对话框

（2）保存工程。

将 Six step_p-nucleo-ihm003.stmcx 工程保存到另一个空的文件夹下。请注意：请勿更改 Six step_p-nucleo-ihm003.stmcx 的名称，否则示例将无法正常运行或编译。

（3）更改 extras.wb_def 文件。

用记事本的方式打开 extras.wb_def 文件，用来更改用户 I/F。修改"SERIAL_COMMUNICATION"键的值为 false，以便在 CLI 中使用（在默认情况下，此键值为 true）。extras.wb_def 文件的更改如图 7-19 所示。

图 7-19　extras.wb_def 文件的更改

（4）选择对应的软件版本参数生成电机工程。

在工具栏中选择"Tools"→"Generation"命令，弹出工程生成窗口，如图 7-20 所示，允许用户选择参数：

- "STM32CubeMX"选择"5.3.0"或更高版本；
- "Target Toolchain"选择"Keil MDK-ARM V5"或"IAR EWARM"版本；
- "Fireware Package Version"选择"STM32 FW V1.1.0"或更高版本；
- 选中"Drive Type"下方的"HAL-Hardware Abstraction Layer"单选按钮。

单击"GENERATE"按钮生成工程。

图 7-20　工程生成窗口

（5）打开 STM32CubeMX 并生成 Keil 文件。

在 ST Motor Control Workbench 主界面单击"GENERATE CODE"按钮生成 Keil 文件，如图 7-21 所示。

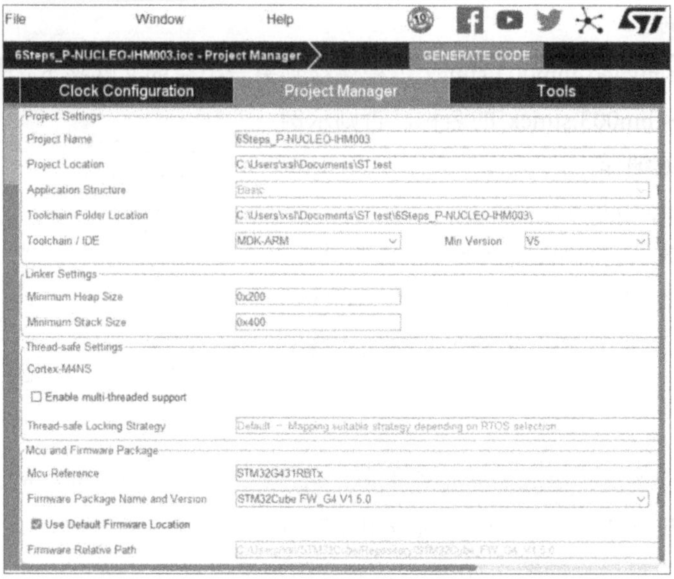

图 7-21　生成 Keil 文件

（6）打开 Keil 文件进行编译并将其下载至单片机中。

程序烧录界面如图 7-22 所示。打开 Keil 软件，根据图 7-22 所示步骤，首先单击①框中的"Options for Targets…"按钮，在弹出的对话框中单击"Debug"选项卡，在"Use"下拉列表中选择"ST-Link Debugger"，然后单击②框中的"Settings"按钮，打开"Cortex-M Target Driver Setup"对话框，如图 7-23 所示，添加 Flash，单击"确定"按钮后，再依次单击图 7-22 所示③框中的"Translate"按钮和④框中的"Download"按钮将程序烧录至单片机中。

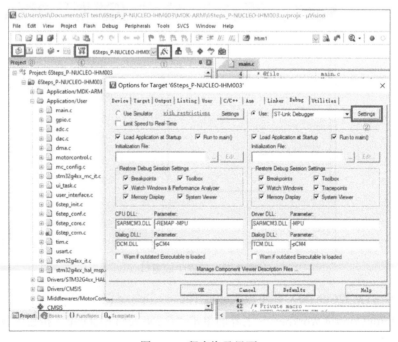

图 7-22　程序烧录界面

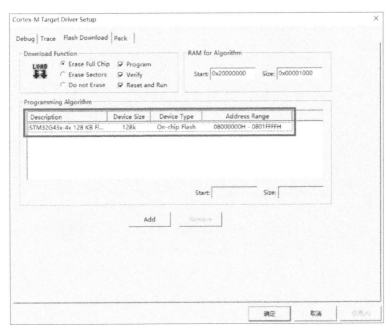

图 7-23　"Cortex-M Target Driver Setup"对话框

按下 MCU 板上的黑色按键重置 MCU 板，运行示例，板上的蓝色按键可启动或停止电机，实现无刷直流电机的无感方波控制。

7.3　无感速度模式控制实例

1）实验目标

（1）初步掌握 MC-SDK V5.4 的基本操作。

（2）实现电机无传感运行，电机从开环启动到闭环运行。

（3）使用 API 实现电机变速运行，转速在 300～600rpm 的范围内切换。

2）实验条件

（1）硬件平台：P-NUCLEO-IHM03 套件。

（2）软件平台：ST Motor Control SDK 5.4、STM32CubeMX、STM32CubeIDE。

3）实验步骤

打开"电堂科技"官网主页，选择"厂商专区"菜单下的"STM32"命令，在搜索框中输入"试验环节"并搜索，即可检索到参考视频《试验环节》。

（1）创建工程。

与 7.1 节所述实例类似，新建一个工程，如图 7-24 所示。按图中步骤逐步设置，单击"OK"按钮即可。

因为参数已经配置完成，所以直接单击"保存"按钮进行保存。保存完成后，单击"工程生成"按钮生成代码，如图 7-25 所示。根据图 7-25 进行工程生成配置，单击"GENERATE"

按钮，打开工程生成完成界面，如图 7-26 所示，单击"RUN STM32CubeIDE"按钮打开 STM32CubeMX。

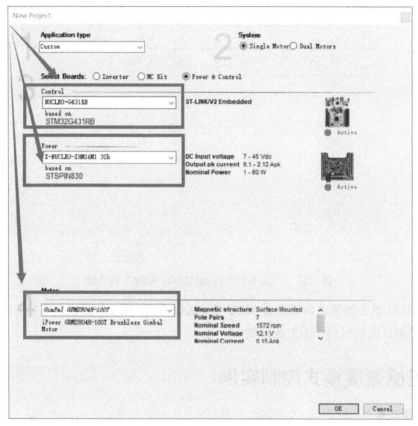

图 7-24 新建一个工程

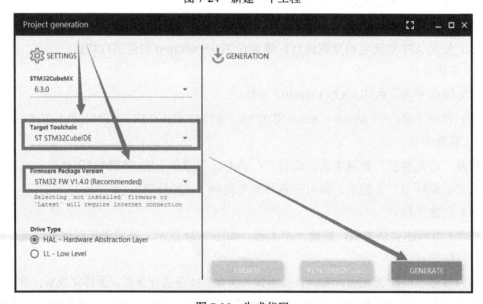

图 7-25 生成代码

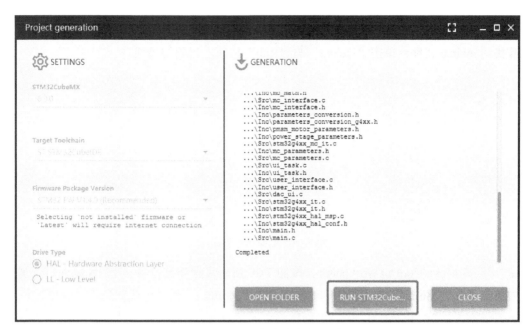

图 7-26　工程生成完成界面

（2）单击"Project Manager"选项卡，如图 7-27 所示。将"Toolchain/IDE"设定为
"STM32CubeIDE"，版本选择自己电脑安装的版本，单击"GENERATE CODE"按钮。

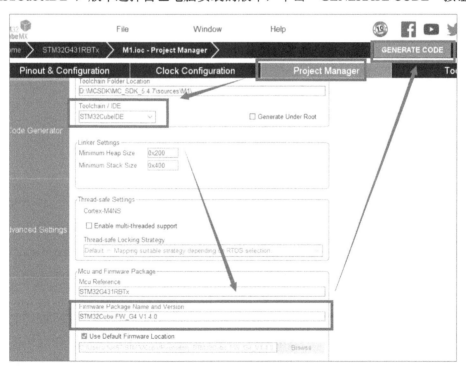

图 7-27　"Project Manager"选项卡

连接设备，注意电源也要连接。代码生成成功后，先单击"Open Project"按钮，再单

击 "Launch" 按钮，进入 STM32CubeIDE。编译运行界面如图 7-28 所示，根据图 7-28 所示步骤找到 main.c 文件，单击 "Debug" 与 "Run" 按钮，代码编译成功。

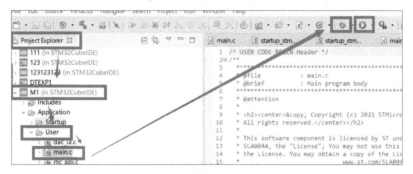

图 7-28　编译运行界面

打开 ST Motor Control Workbench，按图 7-29 所示步骤连接设备。在 "Advanced" 选项卡中单击 "Start Motor" 按钮即可转动电机。在 "Monitor" 栏中可观测到实时速度。

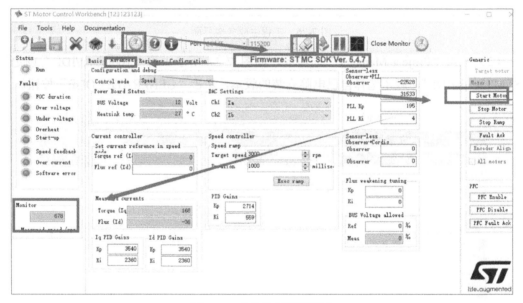

图 7-29　电机控制监测界面

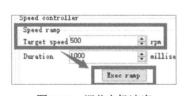

图 7-30　调节电机速度

（3）将 "Speed controller" 栏中 "Speed ramp" 下的 "Target speed" 设置为 500 后，单击 "Exec ramp" 按钮即可调节电机速度，如图 7-30 所示。

上面使用了 ST Motor Control Workbench 对电机进行简单调速，还可以通过代码调用 API 函数对电机进行精确调速。下面介绍如何调用 API 函数使得电机在 300～600rpm 的范围内均匀变速。

本实例中使用的电机控制 API 函数包括：

MC_ProgramSpeedRampMotor1();　　　　//电机 1 调速

MC_StartMotor1();　　　　　　　　//电机 1 启动

MC_StopMotor1();　　　　　　　　//电机 1 停止

API 函数的具体调用流程如下：

首先打开 main.c 文件，在/* USER CODE BEGIN 0 */与/* USER CODE END 0 */之间添加用户代码，如图 7-31 所示。

然后在代码中找到 int main(void)函数，并在 while(1)函数中调用 HandsOn1()（注意：HandsOn1();放置在/* USER CODE END 3 */之前）。while(1)函数如图 7-32 所示。

```
71  /* Private user code ------------------------------
72  /* USER CODE BEGIN 0 */
73  /* Hand On 1 -无感速度模式 */
74  static uint32_t Run_Count =0;
75  void HandsOn1(void)
76  {
77      MC_ProgramSpeedRampMotor1(300/6,1000);  //300rpm 1000ms
78      if(Run_Count==0)
79      {
80          MC_StartMotor1();   //启动电机
81      }
82      HAL_Delay(2000);
83      MC_ProgramSpeedRampMotor1(600/6,1000);  //600rpm 1000ms
84      HAL_Delay(2000);
85      Run_Count++;
86      if(Run_Count>5)
87      {
88          Run_Count=5;
89          MC_StopMotor1();   //停止电机
90          while(1);
91      }
92  }
93  /* USER CODE END 0 */
```

图 7-31　添加用户代码

```
137     /* Infinite loop */
138     /* USER CODE BEGIN WHILE */
139     while (1)
140     {
141         HandsOn1();
142         /* USER CODE END WHILE */
143
144         /* USER CODE BEGIN 3 */
145     }
146     /* USER CODE END 3 */
```

图 7-32　while(1)函数

最后单击"Debug"按钮，若弹出提示对话框，则单击"Switch"按钮后，单击"Run"按钮就可以看到电机变速旋转。工程编译运行如图 7-33 所示。

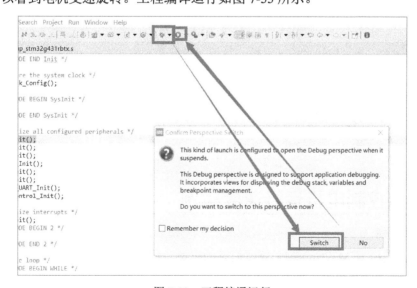

图 7-33　工程编译运行

如果想更准确地观测到电机的速度变化，那么可以打开 ST Motor Control Workbench 中的电机监测界面，如图 7-34 所示。成功连接电机后，打开界面中的示波器工具。程序烧录至单片机后，按下开发板上的黑色按键（复位键），就可以观测到电机的转速变化，电机会在转速变化 5 次后停止，电机运行速度曲线如图 7-35 所示。

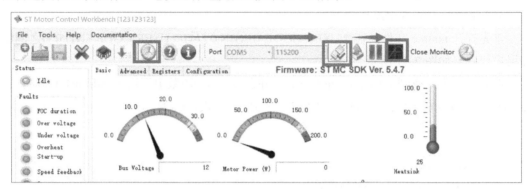

图 7-34　电机监测界面

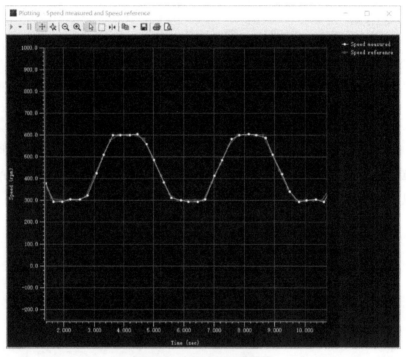

图 7-35　电机运行速度曲线

7.4　旋钮控制电机运行速度实例

1）实验目标

（1）学习使用 STM32CubeMX 修改已有的电机工程。

（2）学习 ADC 在电机工程中的使用。

（3）学习使用配置旋钮等硬件对电机进行调速。

2）实验条件

（1）硬件平台：P-NUCLEO-IHM03 套件。

（2）软件平台：ST Motor Control SDK 5.4、STM32CubeMX、STM32CubeIDE。

3）实验步骤

（1）在 7.3 节的基础上，使用 STM32CubeMX 打开已有的电机工程，进入 STM32CubeMX 主界面，如图 7-36 所示。为了和无感速度模式控制实例区分，可将工程另外保存。按照图 7-36 所示流程，在"Pinout&Configuration"选项卡中的"Analog"下拉列表里选择"ADC1"进行 ADC 配置，将 ADC1 IN8 配置为"IN8 Single-ended"后，单击鼠标右键选择 PC2 引脚，并将其配置为"ADC1_IN8"，此处的引脚配置是为了后续将其作为旋钮的 ADC 使用。引脚配置完成后，单击"GENERATE CODE"按钮，重新生成代码即可。

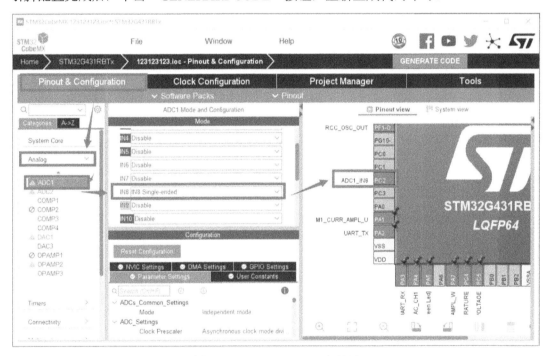

图 7-36 STM32CubeMX 主界面

（2）生成代码后，先单击"Open Project"按钮，再单击"Launch"按钮，进入 STM32CubeIDE。打开工程文件，可以看到无感速度模式控制实例中的代码依然保留。可见，通过 STM32CubeMX 只是配置了引脚，并不影响代码文件。

下面介绍如何在工程中使用 ADC 实现旋钮调速。

在本实例中用到的 API 函数有：

RCM_GetUserConvState();

RCM_GetUserConv();

RCM_RequestUserConv()。

首先在 7.3 节中的函数定义后添加用户代码，如图 7-37 所示。

```
 94  /* Hand On 2 -用户ADC控制速度 */
 95  #include "regular_conversion_manager.h"
 96  #define MIN_SPEED 300  //最低转速 300rpm
 97  #define MAX_SPEED 800  //最高转速 800rpm
 98
 99  //定义用户ADC
100  RegConv_t ADC_Userconv;
101  uint8_t ADC_UserHandle;
102  uint16_t ADC_UserValue;
103  uint16_t Set_Speed;
104
105  void HandsOn2_Init(void)
106  {
107      ADC_Userconv.regADC=ADC1;
108      ADC_Userconv.channel=MC_ADC_CHANNEL_8;
109      ADC_Userconv.samplingTime=ADC_SAMPLETIME_92CYCLES_5;
110      ADC_UserHandle=RCM_RegisterRegConv (&ADC_Userconv);
111      //启动电机
112      MC_StartMotor1();
113  }
114
115  void HandsOn2(void)
116  {
117      HAL_Delay(200);
118      //检查常规转换状态
119      if (RCM_GetUserConvState()==RCM_USERCONV_IDLE)
120      {
121          RCM_RequestUserConv(ADC_UserHandle);
122      }
123      else if (RCM_GetUserConvState()==RCM_USERCONV_EOC)
124      {
125          ADC_UserValue=RCM_GetUserConv();
126      }
127      //计算设定速度值
128      Set_Speed=(ADC_UserValue>>4)/8+MIN_SPEED;
129      if(Set_Speed>MAX_SPEED)
130      {
131          Set_Speed=MAX_SPEED;
132      }
133      MC_ProgramSpeedRampMotor1(Set_Speed/6,100);
134  }
```

图 7-37　添加用户代码

然后在 main()函数处调用初始化函数 HandsOn2_Init()及 HandsOn2()，如图 7-38 所示。

```
174      /* Initialize interrupts */
175      MX_NVIC_Init();
176      /* USER CODE BEGIN 2 */
177      HandsOn2_Init();
178      /* USER CODE END 2 */
179
180      /* Infinite loop */
181      /* USER CODE BEGIN WHILE */
182      while (1)
183      {
184          //HandsOn1();
185          HandsOn2();
186      /* USER CODE END WHILE */
187
188          /* USER CODE BEGIN 3 */
189      }
190      /* USER CODE END 3 */
```

图 7-38　调用初始化函数

注意：①HandsOn2();应放置在/* USER CODE END WHILE */之前（注释掉 7.3 节调用的 HandsOn1();）。

②HandsOn2_Init();建议放置在/* USER CODE BEGIN 2 */ 与/* USER CODE END 2 */ 之间。

（3）代码添加完成后，单击"Debug"按钮与"Run"按钮。当代码烧录至单片机后，按下开发板上的黑色按钮，电机即可运行，通过 ST Motor Control Workbench 可观测此时电机的运行状态。

打开 ST Motor Control Workbench，连接电机后按照之前的方法进入电机监测界面。图 7-39 所示为电机监测界面及转速控制旋钮示意图。在电机监测界面中，左侧是电机实际的转速，右侧是电机设定的转速。可以通过旋转蓝色旋钮来控制电机在 300～800rpm 的转速范围内运行。电机运行速度曲线如图 7-40 所示。

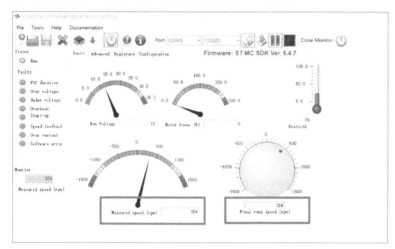

图 7-39　电机监测界面及转速控制旋钮示意图

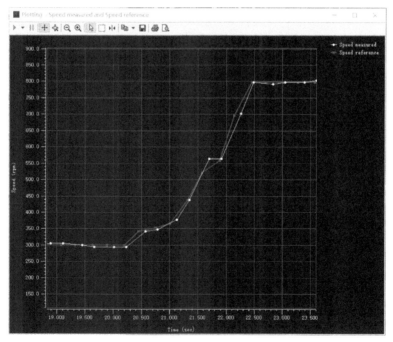

图 7-40　电机运行速度曲线

7.5　故障处理及恢复实例

1）实验目标

（1）学习使用 STM32CubeMX 初始化 Timer。

（2）学习如何得到电机状态。

（3）学习如何清除报错状态，让电机重新运行。

2）实验条件

（1）硬件平台：P-NUCLEO-IHM03 套件。

（2）软件平台：ST Motor Control SDK 5.4、STM32CubeMX、STM32CubeIDE。

3）实验步骤

（1）与 7.4 节类似，首先用 STM32CubeMX 打开之前的工程文件，在"Pinout&Configuration"选项卡中初始化 Timer，单击"Timers"右侧的下拉箭头选择"TIM3"，将"Clock Source"配置为"Internal Clock"，作为高频计数。然后将"Counter Period"配置为"0xFFFF"，即 65535，此时设定的最大溢出时间约为 385.5μs。Timer 初始化配置界面如图 7-41 所示。

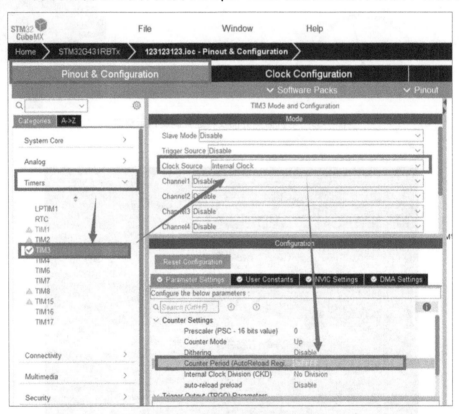

图 7-41　Timer 初始化配置界面

（2）Timer 初始化配置完成后，先单击"GENERATE CODE"按钮生成代码，再单击"Open Project"按钮和"Launch"按钮进入 STM32CubeIDE。打开工程文件中的 stm32g4xx_mc_it.c 文件，在 void ADC1_2_IRQHandler(void)函数代码中的/* USER CODE BEGIN ADC1_2_IRQn 0 */和/* USER CODE END ADC1_2_IRQn 0 */之间及/* USER CODE BEGIN ADC1_2_IRQn 1 */和/* USER CODE END ADC1_2_IRQn 1 */之间添加两段代码。代码添加界面如图 7-42 所示。

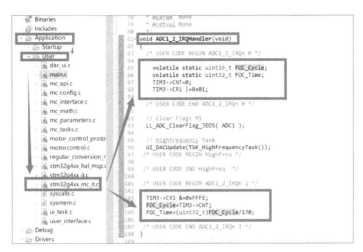

图 7-42　代码添加界面

（3）打开 main.c 文件，与 7.4 节一样，首先在定义的函数后添加 HandsOn3()函数代码，如图 7-43 所示。然后在 main()函数中调用函数 HandsOn3()（注释掉 HandsOn2();与 HandsOn2_Init();），HandsOn3()函数的调用界面如图 7-44 所示。

```
139  /* Hands On 3 -故障清除 */
140  static uint16_t State_Mark;
141  static uint16_t Fault_Mark;
142- void HandsOn3(void)
143  {
144      //获取电机控制状态
145      State_Mark=MC_GetSTMStateMotor1();
146      //获取故障状态
147      Fault_Mark=MC_GetOccurredFaultsMotor1();
148      if(Fault_Mark !=MC_NO_FAULTS)
149      {
150          HAL_Delay(2000);
151          MC_AcknowledgeFaultMotor1();
152          MC_ProgramSpeedRampMotor1(MC_GetLastRampFinalSpeedMotor1(),1000);
153      }
154      if((State_Mark==IDLE)&&(Fault_Mark==MC_NO_FAULTS))
155      {
156          MC_StartMotor1();
157      }
158  }
159  /* USER CODE END 0 */
```

```
204      /* Infinite loop */
205      /* USER CODE BEGIN WHILE */
206      while (1)
207      {
208          // HandsOn1();
209          // HandsOn2();
210          HandsOn3();
211      /* USER CODE END WHILE */
212
213      /* USER CODE BEGIN 3 */
214
215      /* USER CODE END 3 */
```

图 7-43　添加 HandsOn3()函数代码　　　图 7-44　HandsOn3()函数的调用界面

（4）代码添加完毕后，单击编译按钮与运行按钮，当程序烧录至单片机后，电机会按照设定的转速转动，此时对电机进行堵转，功率板上的三相指示灯会熄灭，当结束堵转 2 秒后（此处 2 秒是为了展示电机清除了错误状态而特意设定的，在日常应用时电机会立即清除状态并启动），电机会自动清除 Fault 状态并重新开始转动，功率板上的三相指示灯会再次亮起来。

本实例同样可以通过 ST Motor Control Workbench 对电机的运行状态进行监测。打开 ST Motor Control Workbench 并连接电机后进入监测界面，当结束堵转后，会看到状态为"Fault over"，并且显示 Fault 为"Speed feedback"。电机故障报错如图 7-45 所示。

当结束堵转 2 秒后，电机清除 Fault 状态并启动，如图 7-46 所示，此时可以看到电机状态为"Start"且转速为 0。

当电机正常启动后，可以看到电机状态变为"Run"且转速恢复，如图 7-47 所示。

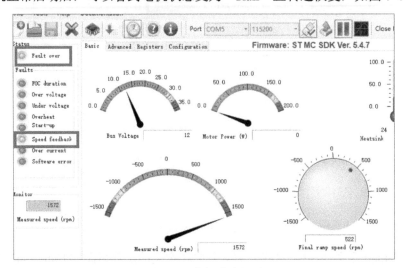

图 7-45　电机故障报错

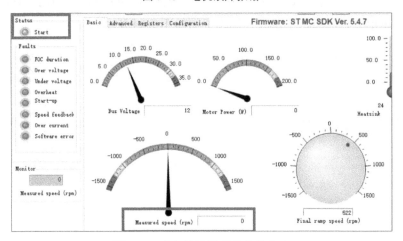

图 7-46　电机清除错误状态并启动

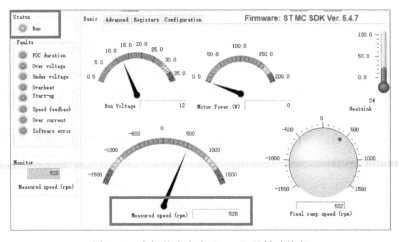

图 7-47　电机状态变为"Run"且转速恢复

7.6　API 函数应用实例

1）实验目标

（1）掌握 MC-SDK V5.4 的基本操作。

（2）使用 API 函数实现对电机的多种控制方式，熟悉 API 函数库。

2）实验条件

（1）硬件平台：P-NUCLEO-IHM03 套件。

（2）软件平台：ST Motor Control SDK 5.4、STM32CubeMX、STM32CubeIDE 或 Keil 5（5.33 版本及以上）。

3）API 函数介绍

API 函数在 MC-SDK V5.4 中的位置如图 7-48 所示。API 函数位于 MC-SDK V5.4 的电机应用层，电机应用层处于用户层与电机库之间。一般初级的电机应用操作利用 API 函数即可完成，基于电机库，便于用户调用，更像是行为描述操作。例如，在无感速度模式控制实例中用到的 MC_ProgramSpeedRampMotor1()、MC_StartMotor1()、MC_StopMotor1()都是 API 函数，它们分别是用来对电机进行调速、启动和停止操作的。

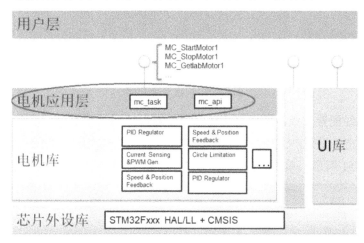

图 7-48　API 函数在 MC-SDK V5.4 中的位置

下面将表 3-1 中的部分函数作为示例来展示 API 函数调用的具体操作，帮助读者在 7.3 节的基础上更深入地了解 API 函数库中其他函数的功能。

4）实验步骤

打开"电堂科技"官网主页，选择"厂商专区"菜单下的"STM32"命令，在搜索框中输入"API 函数的使用"并搜索，可以检索到参考视频《API 函数的使用》。

（1）创建工程。

与 7.1 节类似，新建一个工程，如图 7-49 所示。按图 7-49 所示步骤依次设置"Control"、"Power"与"Motor"，并单击"OK"按钮。

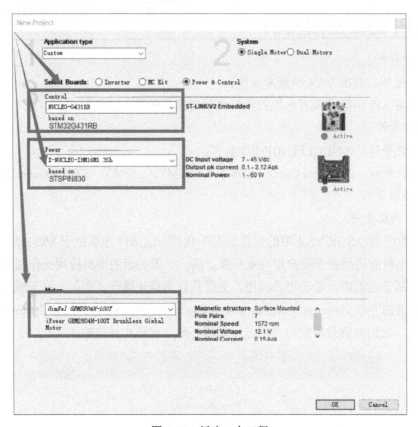

图 7-49　新建一个工程

　　因为参数已经配置完成，所以直接单击"保存"按钮进行保存。保存完成后，先单击编译按钮，再单击"GENERATE"按钮生成工程，如图 7-50 所示，完成后打开工程生成完成界面，如图 7-51 所示，单击"RUN STM32CubeIDE"按钮打开 STM32CubeMX。

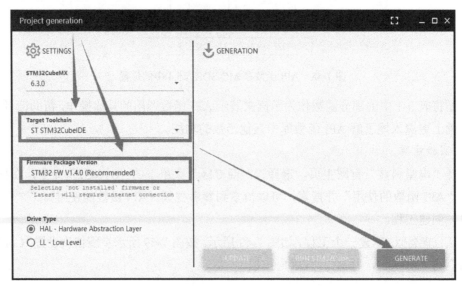

图 7-50　生成工程

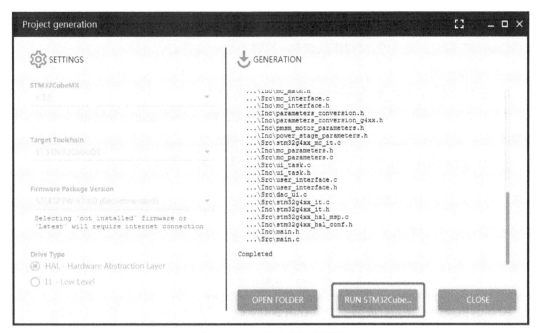

图 7-51　工程生成完成界面

（2）在"Project Manager"选项卡（见图 7-52）下，首先"Toolchain / IDE"选择"STM32CubeIDE"，"Firmware Package Name and Version"选择"STM32Cube FW_G4 V1.4.0"，然后单击"GENERATE CODE"按钮。

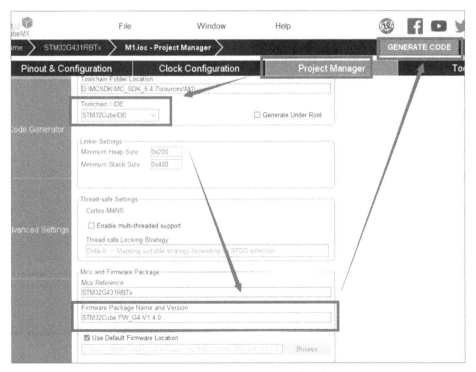

图 7-52　"Project Manager"选项卡

连接设备（注意电源也要连接），代码生成成功后，先单击"Open Project"按钮，再单击"Launch"按钮，进入 STM32CubeIDE，找到 main.c 文件。

（3）函数示例。

① 函数示例 1：**MC_ProgramSpeedRampMotor1()**。

7.3 节学习了如何对电机进行调速，使用的是 MC_ProgramSpeedRampMotor1() 函数，该函数不仅可以控制电机运行的速度，改变第一个值的正负，而且可以控制电机正/反转。

打开 main.c 文件，在用户代码区 2 添加正向转动代码（见图 7-53）。

```
112    /* Initialize interrupts */
113    MX_NVIC_Init();
114    /* USER CODE BEGIN 2 */
115    //设定闭环运行速度为300rpm，执行时间为1000ms
116    //之所以除以6是因为速度指令参数是以0.1Hz为单位的，300rpm=300/6(0.1Hz)
117    MC_ProgramSpeedRampMotor1(300/6,1000);
118    MC_StartMotor1();
119    /* USER CODE END 2 */
```

图 7-53　正向转动代码

若要电机反向转动，则将第一个参数由 300/6 改为-300/6 即可实现电机以 300rpm 反向转动。反向转动代码如图 7-54 所示。

```
112    /* Initialize interrupts */
113    MX_NVIC_Init();
114    /* USER CODE BEGIN 2 */
115    MC_ProgramSpeedRampMotor1(-300/6,1000);
116    MC_StartMotor1();
117    /* USER CODE END 2 */
```

图 7-54　反向转动代码

单击编译按钮，若弹出提示对话框，则单击"Switch"按钮后，单击运行按钮将程序下载到 MCU 中，按下开发板上的复位键后，就可以看到电机以 300rpm 的速度分别正转和反转。工程编译运行如图 7-55 所示。函数示例 1 的结果展示如图 7-56 所示。

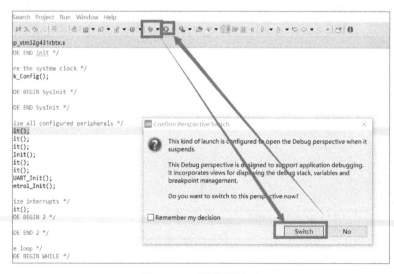

图 7-55　工程编译运行

图 7-56　函数示例 1 的结果展示

② 函数示例 2：**MC_ProgramTorqueRampMotor1()**。

该函数的作用是使电机运行在力矩模式，第一个参数为力矩的正比例函数，第二个参数为运行的时间，其中，第一个参数（假设为 DI）的计算公式如下。

$$DI = \frac{I \cdot 65536 \cdot R_{\text{shunt}} \cdot A_{\text{op}}}{U_{\text{adc}}} \qquad (7\text{-}1)$$

式中，I 是电流值；R_{shunt} 是采样电阻的阻值；A_{op} 是运放放大倍数；U_{adc} 是 ADC 参考电压。

打开 main.c 文件，在用户代码区 2 添加力矩模式代码（见图 7-57）。

```
114     /* USER CODE BEGIN 2 */
115     uint32_t DI;
116     DI = 500;
117     MC_ProgramTorqueRampMotor1(DI,1000);
118     MC_StartMotor1();
119     /* USER CODE END 2 */
```

图 7-57　力矩模式代码

同函数示例 1，单击编译按钮，若弹出提示对话框，则单击 "Switch" 按钮后，单击运行按钮将程序下载到 MCU 中，按下开发板上的复位键后，就可以看到电机以力矩模式转动，在 ST Motor Control Workbench 中可以观测转矩的大小，如图 7-58 所示。

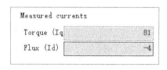

图 7-58　观测转矩的大小

③ 函数示例 3：**MC_GetMecSpeedAverageMotor1()**、**MC_GetIqdrefMotor1()**。

这两个函数可以分别得到当前电机的运行速度，以及当前 I_q、I_d 的参考数据（速度是以 0.1Hz 为单位返回的，若要转换为以 rpm 为单位，则需要用结果乘以 6）。由于实验的结果需要调试，因此推荐使用 Keil 来进行代码的添加，以便后续的变量观测，这里仅展示使用 Keil 编写的实验过程，有兴趣的读者可自行学习 STM32CubeIDE 的 Debug 功能并进行实验。

打开 main.c 文件，在用户代码区 2 添加正向转动代码（见图 7-59），使电机在 300rpm 状态下运动。

```
112    /* Initialize interrupts */
113    MX_NVIC_Init();
114    /* USER CODE BEGIN 2 */
115    static volatile int16_t Speed_RPM;
116    static volatile qd_t Iqd_Ref_Value;
117    static volatile qd_t Iqd_Real_Value;
118    MC_ProgramSpeedRampMotor1(300/6,1000);
119    MC_StartMotor1();
120    /* USER CODE END 2 */
```

图 7-59　正向转动代码

在 while(1)循环中添加电机运行参数获取代码（见图 7-60），不断读取电机的运行速度和 I_q、I_d 的参考数据。

```
122    /* Infinite loop */
123    /* USER CODE BEGIN WHILE */
124    while (1)
125    {
126      /* USER CODE END WHILE */
127      Speed_RPM=MC_GetMecSpeedAverageMotor1()*6;
128      Iqd_Ref_Value=MC_GetIqdrefMotor1();
129      Iqd_Real_Value = MC_GetIqdMotor1();
130      /* USER CODE BEGIN 3 */
131    }
132    /* USER CODE END 3 */
```

图 7-60　电机运行参数获取代码

完成代码的添加后，将程序编译并烧录到 MCU 上，如图 7-61 所示。无误后按下开发板上的复位按键，电机开始转动，之后进入 Keil 的 Debug 环节。

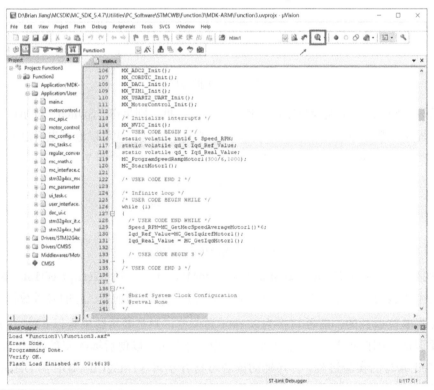

图 7-61　将程序编译并烧录到 MCU 上

在代码中找到要观测的变量：Speed_RPM，Iqd_Ref_Value，Iqd_Real_Value。将 3 个观测变量选中后，单击鼠标右键，依次将它们加入 Watch1 后，单击运行按钮，如图 7-62 所示。观察电机在旋转过程中 3 个变量的值，观测结果如图 7-63 所示。

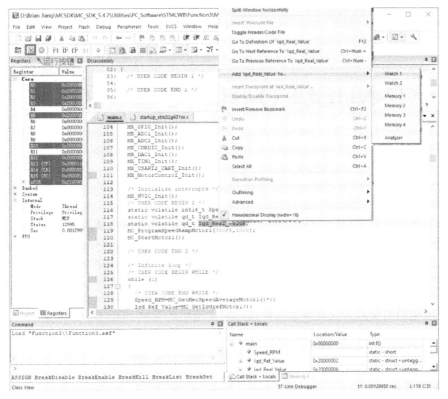

图 7-62　添加观测变量并运行

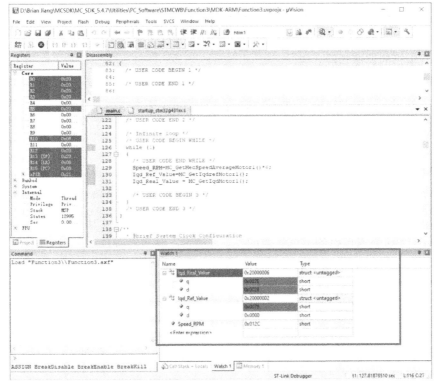

图 7-63　观测结果

第 8 章

基于 P-NUCLEO-IHM03 套件的有感电机控制案例

电机的驱动可以大致分为有位置传感器的驱动和无位置传感器的驱动两种。本章基于 P-NUCLEO-IHM03 套件、57SW01 无刷直流电机和 Shinano LA052-080E3NL1 永磁同步电机，进行无刷直流电机和永磁同步电机的有感驱动实验。本章共分 2 个小节，每小节为一个典型案例，每个案例都配有详细的步骤，以带领读者实现电机的进阶控制。具体内容包括无刷直流电机的有感方波控制案例和永磁同步电机的有感 FOC 控制案例。

8.1 无刷直流电机的有感方波控制案例

1）实验目标

（1）了解电机的基本结构，熟悉 BLDCM 方波控制的基本原理。

（2）基于 BLDCM 方波控制的基本原理，结合前面学习的有关 STM32G4 的知识，实现对无刷直流电机的有感方波控制，利用开发板上的按钮实现电机的正、反转，并且通过电位器实现电机的调速功能。

2）实验条件

（1）硬件平台：P-NUCLEO-IHM03 套件、57SW01 无刷直流电机。

（2）软件平台：ST Motor Control SDK 5.4、STM32CubeMX（6.1.1 版本及以上）、Keil 5（5.33 版本及以上）。

3）57SW01 无刷直流电机简介

因为 P-NUCLEO-IHM03 套件自带的 GBM2804H-100T 电机没有安装位置传感器，所以本节采用安装了霍尔传感器的 57SW01 无刷直流电机来进行案例搭建。

57SW01 无刷直流电机的具体参数如表 8-1 所示，其接线颜色对应端子如表 8-2 所示。

表 8-1　57SW01 无刷直流电机的具体参数

参　　数	数　　值
相数	3
额定电压	24V
额定转速	4000rpm
额定转矩	0.11N·m
额定功率	50W

续表

参　　数	数　　值
最大转矩	0.35Nm
转矩系数	0.08Nm/A
相电阻	2.7Ω
转动惯量	$7.5kg \cdot mm^2$
长度	56mm
质量	0.5kg

表 8-2　57SW01 无刷直流电机的接线颜色对应端子

端子	U	V	W	+5V	HALL A	HALL B	HALL C	Gnd
接线颜色	蓝	白	黄	红	蓝	白	黄	黑

4）控制信号及端口属性的选择

根据 BLDCM 方波控制原理，实现 BLDCM 的正、反转及调速需要用到的信号如下。

（1）INU、INV、INW：输出 PWM 波形。

（2）ENU、ENV、ENW：使能 STSPIN830 芯片。

（3）H1、H2、H3：HALL 传感器信号接口。

（4）ADC 采样端口及按钮。

上述信号对应的 MCU 引脚及端口属性如表 8-3 所示。

表 8-3　实现 BLDCM 的正、反转及调速需要用到的信号对应的 MCU 引脚及端口属性

需要用到的信号	对应的 MCU 引脚	端 口 属 性
INU	PA8	TIM1_CH1
INV	PA9	TIM1_CH2
INW	PA10	TIM1_CH3
ENU	PB13	GPIO-OUTPUT
ENV	PB14	GPIO-OUTPUT
ENW	PB15	GPIO-OUTPUT
H1	PA15	GPIO-INPUT
H2	PB3	GPIO-INPUT
H3	PB10	GPIO-INPUT
按钮	PC13	GPIO-EXTI3
ADC 采样端口	PC2	ADC1_IN8

5）实验步骤

（1）新建工程。

在 STM32CubeMX 中有 NUCLEO-G431RB 工程模板。新建一个 STM32CubeMX 工程，芯片型号为 STM32G431RBTX。打开 STM32CubeMX 软件，单击 "ACCESS TO MCU SELECTOR" 按钮建立新工程，如图 8-1 所示。

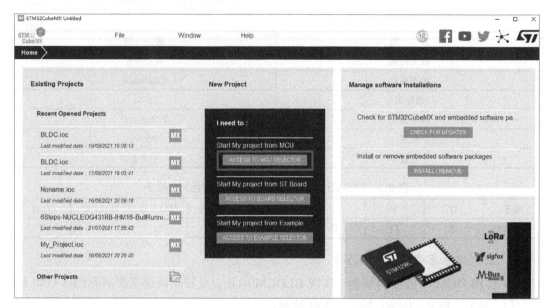

图 8-1　建立新工程

在"Board Selector"选项卡下，选择"Commercial Part Number"下拉列表中的"NUCLEO-G431RB"命令，找到 NUCLEO-G431RB 工程模板，如图 8-2 所示，双击"NUCLEO-G431RB"按钮加载模板。

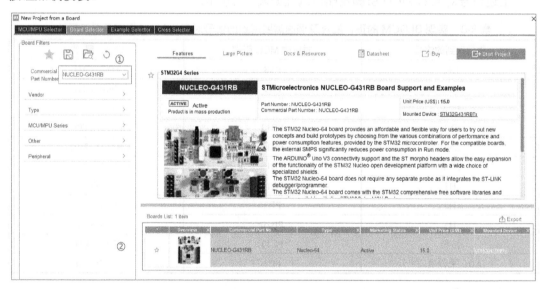

图 8-2　找到 NUCLEO-G431RB 工程模板

打开工程初始界面，如图 8-3 所示，可以看到 PC13、PA2、PA3 和 PA5 引脚，以及系统时钟频率已经配置好了，PA2、PA3 引脚是与电脑通信的串口。

（2）配置端口。

配置需要使用的端口，如图 8-4 所示，在某个端口处单击鼠标右键选择"Enter User Label"命令可以对该端口进行重命名。

图 8-3　工程初始界面

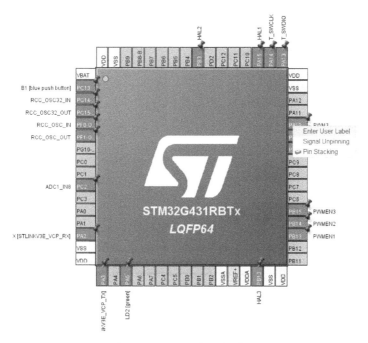

图 8-4　配置需要使用的端口

① 配置 ADC1 如图 8-5 所示。选择 ADC1 的 IN8 并设置采样时间。

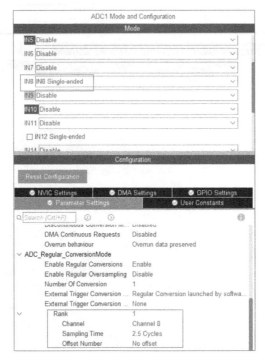

图 8-5　配置 ADC1

② 配置 TM1 如图 8-6 所示。"Channel1"选择"PWM Generation CH1"、"Channel2"选择"PWM Generation CH2"、"Channel3"选择"PWM Generation CH3"。单击"NVIC Settings"选项卡，如图 8-7 所示，使能 TIM1 定时器更新中断。

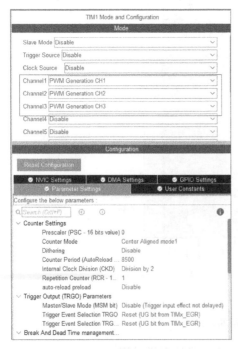

图 8-6　配置 TIM1

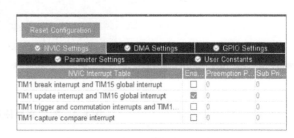

图 8-7　"NVIC Settings"选项卡

因为配置定时器 TIM1 的 PWM 输出为中心对称模式，预分频系数为 0，计数周期为 8500，Repetition Counter 为 1，所以 PWM 频率的计算公式为

$$PWM 频率 = \frac{系统时钟频率}{计数周期 \times 2} \tag{8-1}$$

中断频率等于 PWM 频率，根据式（8-1），可以计算出 PWM 频率为 10kHz。

系统时钟频率使用默认配置，即 170MHz，如图 8-8 所示。

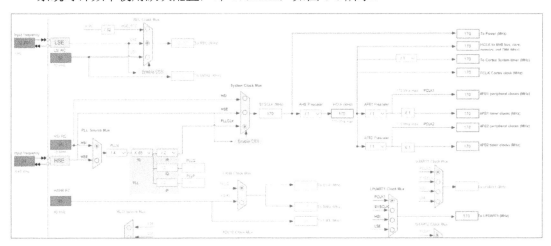

图 8-8　系统时钟频率配置

（3）生成工程代码（见图 8-9）。

根据图 8-9 中的内容进行配置，并单击"GENERATE CODE"按钮生成工程代码。

图 8-9　生成工程代码

6）软件设计

打开 Keil 软件，根据 BLDCM 方波控制原理进行编程。

（1）在 main.c 文件中定义需要的变量。

ADC 采集值：adc_value。

启动状态：start_state。

速度参考值：speed_ref。

速度实际值：speed_rel。

PWM 值：pwm_value。

启动次数：start_count。

打开 main.c 文件，在/* USER CODE BEGIN 0 */ 与/* USER CODE END 0 */ 之间添加变量定义代码（见图 8-10）。

（2）开启定时器中断。

在/* USER CODE BEGIN 2 */ 与/* USER CODE END 2 */ 之间添加定时器中断开启代码（见图 8-11）。

```
62   /* Private user code -----
63   /* USER CODE BEGIN 0 */
64   uint16_t adc_value=0;
65   uint8_t start_state=0;
66   uint16_t speed_ref=0;
67   extern int16_t speed_rel;
68   extern uint16_t pwm_value;
69
70   uint8_t start_count=0;
71   /* USER CODE END 0 */
```

图 8-10 变量定义代码

```
99    /* Initialize all configured peripherals */
100   MX_GPIO_Init();
101   MX_ADC1_Init();
102   MX_LPUART1_UART_Init();
103   MX_TIM1_Init();
104   /* USER CODE BEGIN 2 */
105   HAL_TIM_Base_Start_IT(&htim1);
106   /* USER CODE END 2 */
```

图 8-11 定时器中断开启代码

（3）在 while 循环中编写电机启停程序和转速给定程序。

① 电机启停程序。

在/* USER CODE BEGIN 3 */ 与/* USER CODE END 3 */ 之间添加电机启停代码（见图 8-12）。

```
108       /* Infinite loop */
109       /* USER CODE BEGIN WHILE */
110       while (1)
111       {
112           /* USER CODE END WHILE */
113
114           /* USER CODE BEGIN 3 */
115           if (HAL_GPIO_ReadPin(GPIOC, GPIO_PIN_13)==1)
116           {
117           start_count++;
118           }
119           if(start_count==1)
120           {
121               start_state=1;
122               //使能PWM驱动，开启PWM输出
123               HAL_GPIO_WritePin(GPIOB, GPIO_PIN_13|GPIO_PIN_14|GPIO_PIN_15, GPIO_PIN_SET);
124               HAL_TIM_PWM_Start(&htim1, TIM_CHANNEL_1);
125               HAL_TIM_PWM_Start(&htim1, TIM_CHANNEL_2);
126               HAL_TIM_PWM_Start(&htim1, TIM_CHANNEL_3);
127           }
128           if(start_count==2)
129           {
130               start_state=0;
131               //关闭pwm输出，并清空数据
132               HAL_GPIO_WritePin(GPIOB, GPIO_PIN_13|GPIO_PIN_14|GPIO_PIN_15, GPIO_PIN_RESET);
133               HAL_TIM_PWM_Stop(&htim1, TIM_CHANNEL_1);
134               HAL_TIM_PWM_Stop(&htim1, TIM_CHANNEL_2);
135               HAL_TIM_PWM_Stop(&htim1, TIM_CHANNEL_3);
136               pwm_value=0;
137               speed_ref=0;
138               speed_rel=0;
139               start_count=0;
140           }
```

图 8-12 电机启停代码

② 转速给定程序。

在电机启停程序之后继续添加转速给定代码（见图 8-13）。

```
    //速度采样
    HAL_ADC_Start(&hadc1);
    HAL_ADC_PollForConversion(&hadc1,10);
    adc_value=HAL_ADC_GetValue(&hadc1);
    HAL_Delay(10);

    speed_ref=adc_value;
    if(speed_ref<100) speed_ref=0;
  }
  /* USER CODE END 3 */
```

图 8-13　转速给定代码

（4）在 stm32g4xx_it.c 中添加电机控制相关变量。

PWM 值：pwm_value。

霍尔传感器状态：HALL。

霍尔传感器换相前的状态：HALL_old。

速度实际值：speed_rel。

定时器中断次数：Interrupt_count。

打开 stm32g4xx_it.c 文件，在/* USER CODE BEGIN 0 */与/* USER CODE END 0 */之间添加电机控制相关变量的定义代码（见图 8-14）。

（5）在 stm32g4xx_it.c 中添加电机控制函数。

根据霍尔传感器反映的转子位置，分别使能和关闭对应的相，并通过定时器的 CCR 寄存器设置占空比。

在上述代码后继续添加电机控制函数代码（见图 8-15）。

```
/* Private user code ---------
/* USER CODE BEGIN 0 */
uint16_t pwm_value=0;
uint8_t HALL;
uint8_t HALL_old;
int16_t speed_rel;
uint16_t Interrupt_count=0;

extern uint8_t start_state;
extern int16_t speed_ref;
int16_t speed_pre=0;
/* USER CODE END 0 */
```

图 8-14　电机控制相关变量的定义代码

```
void Duty_Cycle_Setting(void)
{
  switch(HALL)
  {
    case 5:
        TIM1->CCR1=pwm_value;
        TIM1->CCR2=0;
        TIM1->CCR3=0;
        //开启A、C相，关闭B相
        HAL_GPIO_WritePin(GPIOB,GPIO_PIN_14,GPIO_PIN_RESET);
        HAL_GPIO_WritePin(GPIOB,GPIO_PIN_13|GPIO_PIN_15,GPIO_PIN_SET);
        break;
    case 4:
        TIM1->CCR1=0;
        TIM1->CCR2=pwm_value;
        TIM1->CCR3=0;
        //开启B、C相，关闭A相
        HAL_GPIO_WritePin(GPIOB,GPIO_PIN_13,GPIO_PIN_RESET);
        HAL_GPIO_WritePin(GPIOB,GPIO_PIN_14|GPIO_PIN_15,GPIO_PIN_SET);
        break;
    case 6:
        TIM1->CCR1=0;
        TIM1->CCR2=pwm_value;
        TIM1->CCR3=0;
        //开启A、B相，关闭C相
        HAL_GPIO_WritePin(GPIOB,GPIO_PIN_15,GPIO_PIN_RESET);
        HAL_GPIO_WritePin(GPIOB,GPIO_PIN_13|GPIO_PIN_14,GPIO_PIN_SET);
        break;
    case 2:
        TIM1->CCR1=0;
        TIM1->CCR2=0;
        TIM1->CCR3=pwm_value;
        //开启A、C相，关闭B相
        HAL_GPIO_WritePin(GPIOB,GPIO_PIN_14,GPIO_PIN_RESET);
        HAL_GPIO_WritePin(GPIOB,GPIO_PIN_13|GPIO_PIN_15,GPIO_PIN_SET);
        break;
    case 3:
        TIM1->CCR1=0;
        TIM1->CCR2=0;
        TIM1->CCR3=pwm_value;
        //开启B、C相，关闭A相
        HAL_GPIO_WritePin(GPIOB,GPIO_PIN_13,GPIO_PIN_RESET);
        HAL_GPIO_WritePin(GPIOB,GPIO_PIN_14|GPIO_PIN_15,GPIO_PIN_SET);
        break;
    case 1:
        TIM1->CCR1=pwm_value;
        TIM1->CCR2=0;
        TIM1->CCR3=0;
        //开启A、B相，关闭C相
        HAL_GPIO_WritePin(GPIOB,GPIO_PIN_15,GPIO_PIN_RESET);
        HAL_GPIO_WritePin(GPIOB,GPIO_PIN_13|GPIO_PIN_14,GPIO_PIN_SET);
        break;
    default:
        break;
  }
}
/* USER CODE END 0 */
```

图 8-15　电机控制函数代码

（6）在定时器中断函数中编写电机控制程序。

① HALL 的获取。

在 /* USER CODE BEGIN TIM1_UP_TIM16_IRQn 1 */ 与 /* USER CODE END TIM1_UP_TIM16_IRQn 1 */之间添加获取 HALL 的代码（见图 8-16）。

② 计算电机的转速。

在上述代码后继续添加获取电机转速的代码（见图 8-17）。

```
283     Duty_Cycle_Setting();
284
285     Interrupt_count++;
286     if(HALL!=HALL_old)
287     {
288     if(Interrupt_count>10)
289     {
290     speed_rel=600000/(12*Interrupt_count);
291     }
292     speed_rel=(speed_pre>>2)+(speed_pre>>1)+(speed_rel>>2);
293     speed_pre=speed_rel;
294     Interrupt_count=0;
295     }
296     //堵转保护
297     if(Interrupt_count>2000)
298     {
299     Interrupt_count=0;
300     speed_rel=0;
301     }
302     pwm_value=speed_ref/4096.0f*8500;
303
304     /* USER CODE END TIM1_UP_TIM16_IRQn 1 */
305     }
306
```

```
269     void TIM1_UP_TIM16_IRQHandler(void)
270     {
271         /* USER CODE BEGIN TIM1_UP_TIM16_IRQn 0 */
272
273         /* USER CODE END TIM1_UP_TIM16_IRQn 0 */
274     HAL_TIM_IRQHandler(&htim1);
275         /* USER CODE BEGIN TIM1_UP_TIM16_IRQn 1 */
276     if(start_state==1)
277     {
278     HALL_old=HALL;
279     HALL=(HAL_GPIO_ReadPin(GPIOA, GPIO_PIN_15)<<2|
280     HAL_GPIO_ReadPin(GPIOB, GPIO_PIN_3)<<1|
281     HAL_GPIO_ReadPin(GPIOB, GPIO_PIN_10));
282
```

图 8-16　获取 HALL 的代码　　　　　　　图 8-17　获取电机转速的代码

③ 转速闭环。

打开 stm32g4xx_it.c 文件，在/*USER CODE BEGIN 0*/与/*USER CODE END 0*/之间继续添加电机转速闭环控制的变量定义代码（见图 8-18）。

继续添加转速闭环控制代码（见图 8-19）。

```
52     /* Private user code ---------
53     /* USER CODE BEGIN 0 */
54     uint16_t pwm_value=0;
55     uint8_t HALL;
56     uint8_t HALL_old;
57     int16_t speed_rel;
58     uint16_t Interrupt_count=0;
59
60     extern uint8_t start_state;
61     extern int16_t speed_ref;
62     int16_t speed_pre=0;
63
64     uint16_t PI_count=0;
65     int16_t ek;
66     float Kp=1;
67     float Ki=0.05f;
68     float sum_eki;
69     float sum_eki_limit=8500;
70     float sum_ekp;
71     float uk;
72
```

```
312
313     // --- PI control
314     if(PI_count>20)
315     {
316         PI_count=0;
317         ek=speed_ref - speed_rel;
318         sum_eki+=Ki*ek;
319         if(sum_eki>sum_eki_limit) sum_eki=sum_eki_limit;
320         if(sum_eki<-sum_eki_limit) sum_eki=-sum_eki_limit;
321         sum_ekp=Kp*ek;
322         uk=sum_eki+sum_ekp;
323         if(uk>sum_eki_limit) uk=sum_eki_limit;
324         if(uk<0) uk=0;
325         pwm_value=uk;
326     }
327     }
328     /* USER CODE END TIM1_UP_TIM16_IRQn 1 */
329     }
330
```

图 8-18　电机转速闭环控制的变量定义代码　　　　図 8-19　转速闭环控制代码

（7）烧录程序。

烧录程序界面如图 8-20 所示。根据图 8-20 所示步骤对程序进行烧录，单击①框中的 "Options for Targets…" 按钮，在打开的对话框中单击 "Debug" 选项卡，在 "Use" 下拉列表中选择 "ST-Link Debugger"，单击②框中的 "Settings" 按钮，打开配置对话框，如图 8-21 所示，添加 Flash 并单击 "确定" 按钮，再单击图 8-20 所示③框中的 "Translate" 按钮和④

框中的"Download"按钮将程序烧录至单片机中。

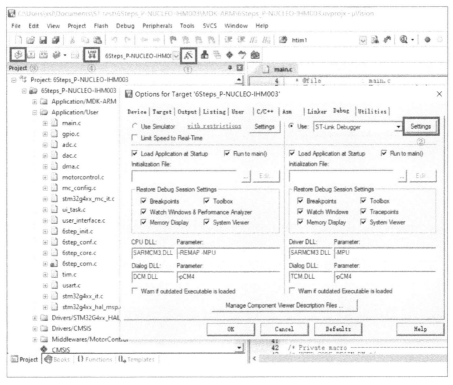

图 8-20　烧录程序界面

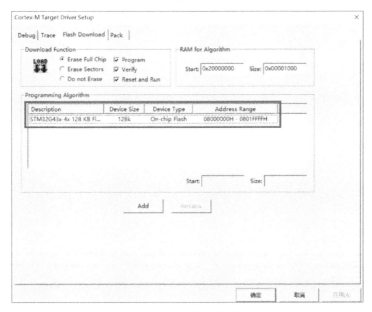

图 8-21　配置对话框

7）实验结果

烧录程序后先按下开发板上的黑色复位键，然后按下蓝色按键，可以看到电机转动起来，这时电机在方波控制模式下运行，可以通过 STM Studio 来监测变量，如图 8-22 所示。

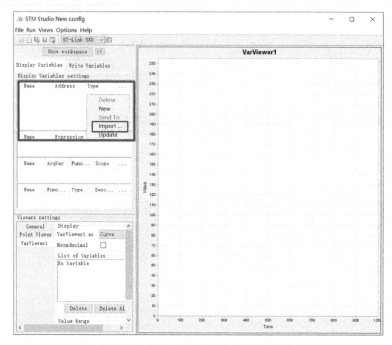

图 8-22　通过 STM Studio 来监测变量

在图 8-22 所示的左侧区域单击鼠标右键选择"Import"命令，可选择要观测的烧录程序和变量来对电机的速度进行观测。变量导入如图 8-23 所示。

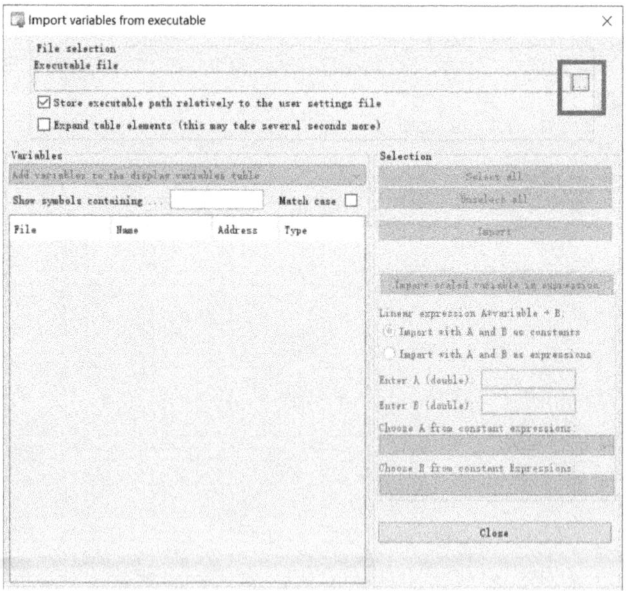

图 8-23　变量导入

单击图 8-23 中右侧的省略号按钮，选择工程所在文件夹中的.axf 烧录文件，如图 8-24所示，会出现程序中的变量。

图 8-24　选择烧录文件

结果需要观测的变量为 speed_rel，选择该变量后单击右侧的"Import"按钮，将该变量加入观察列表。之后将变量送到 VarView1 中，先单击鼠标右键选择"Send to"命令，然后单击"VarView1"按钮，再单击右上角的"Start Recording Session"绿色按钮。

Speed_rel 是电机实际转速，电机转速波形如图 8-25 所示。

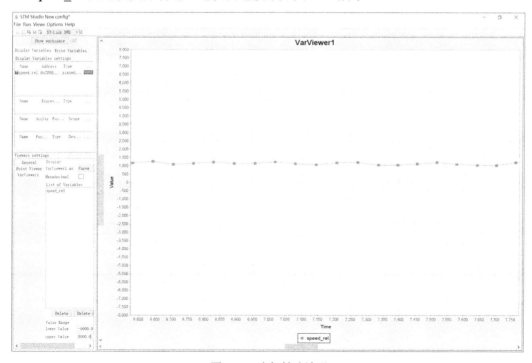

图 8-25　电机转速波形

8.2　永磁同步电机的有感 FOC 控制案例

1）实验目标

（1）了解电机的基本结构，熟悉永磁同步电机矢量控制的基本原理。

（2）基于永磁同步电机矢量控制的基本原理，结合前面学习的有关 STM32G4 的知识，采用光电编码器进行位置检测，快速实现永磁同步电机的有感 FOC 转动控制。

（3）基于永磁同步电机矢量控制的基本原理，结合前面学习的有关 STM32G4 的知识，采用霍尔传感器进行位置检测，实现对永磁同步电机的转速、电流双闭环控制，利用按钮进行电机运行模式的转换，并且通过电位器来调节电机的转速。

2）实验条件

（1）硬件平台：P-NUCLEO-IHM03 套件、Shinano LA052-080E3NL1 永磁同步电机。

（2）软件平台：ST Motor Control SDK 5.4、STM32CubeMX（6.1.1 版本及以上）、Keil 5（5.33 版本及以上）。

3）Shinano LA052-080E3NL1 永磁同步电机简介

因为 P-NUCLEO-IHM03 套件自带的 GBM2804H-100T 电机没有安装位置传感器，所以本节采用安装了霍尔传感器和光电编码器的 Shinano LA052-080E3NL1 永磁同步电机来进行案例搭建。

Shinano LA052-080E3NL1 永磁同步电机的具体参数如表 8-4 所示，其传感器参数如表 8-5 所示。

表 8-4　Shinano LA052-080E3NL1 永磁同步电机的具体参数

参　　数	数　　值
相数	3
额定电压	24V
额定转速	3000rpm
额定转矩	0.255Nm
额定功率	80W
最大转矩	0.765Nm
转矩系数	0.059Nm/A
相电阻	6.2Ω
转动惯量	11.7kg·mm²
长度	69.6mm
质量	0.6kg

表 8-5　Shinano LA052-080E3NL1 永磁同步电机的传感器参数

类型	输出电路	分辨率	通道数	电源供应	工作电流	输出电压	相位偏差	频率响应	工作温度范围
		P/R		V-DC	mA	V-DC		kHz	
霍尔传感器	集电极开路	—	C1,C2, C3	5±5%	40 max.	14.4 min. (I sink=15mA max.)	—	—	0～60℃（编码器内部温度）
光电编码器	TTL 兼容	200，400	A,B	5±5%	50 max.	VOH=2.4 min. VOL=0.4 max. (I sink=3.2mA)	a, b, c, d = 90°±45°	20 min.	

4）PMSM 有感 FOC 控制过程

（1）测量三相定子电流。对于具有平衡三相绕组的电机，只需测量其中两个电流即可，第三个电流可使用 $i_a + i_b + i_c = 0$ 计算得出。

（2）将三相电流转换到静止双轴系统中。该转换通过测量的 i_a、i_b 和 i_c 值提供 i_α 和 i_β 变量。从定子的角度来看，i_α 和 i_β 是随时间变化的正交电流值。

（3）测量在控制环最后一次迭代时的变换角度。通过该角度将静止双轴坐标系转换为旋转坐标系，以对准转子磁通。该转换将 i_α 和 i_β 变换为 i_d 和 i_q，i_d 和 i_q 是变换到旋转坐标系的正交电流值。对于稳态条件，i_d 和 i_q 恒定。

电流参考值的说明如下：

$i_{d\text{-ref}}$：调节磁通。

$i_{q\text{-ref}}$：控制转矩。

（4）将误差信号反馈到 PI 控制器中。电流调节器的输出提供 v_d 和 v_q，它们是将要施加到电机上的电压向量。

（5）新的变换角度通过编码器脉冲输入测得。这一新的变换角度将指导 FOC 算法确定放置下一个电压向量的位置。

（6）使用新的角度将来自 PI 控制器的 v_d 和 v_q 输出值进行从旋转坐标系到静止双轴坐标系的变换，得到正交电压值 v_α 和 v_β。

（7）v_α 和 v_β 用于计算生成所需电压向量所用的全新 PWM 占空比。

（8）在每个 PWM 周期后都会计算电机机械角速度（ω_m）。

PMSM 有传感器 FOC 的框图和流程图分别如图 8-26、图 8-27 所示。

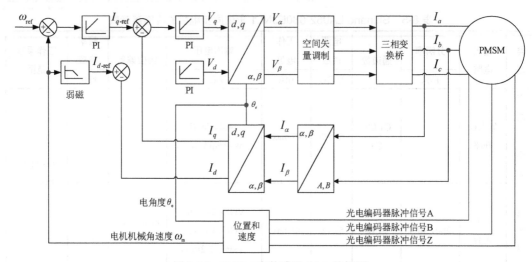

图 8-26　PMSM 有传感器 FOC 的框图

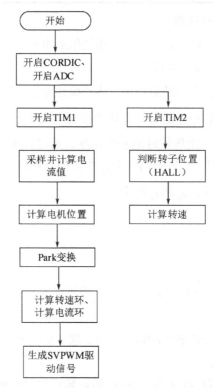

图 8-27　PMSM 有传感器 FOC 的流程图

5）PMSM 的 PI 控制器

图 8-26 中的三个 PI 环分别采用单独的 PI 控制器模块控制转子速度、磁通和转矩 3 个变量。PI 控制器如图 8-28 所示，其包含限制积分饱和的项（$k_c \cdot \text{Excess}$）。Excess 通过无限制输出（U）减去有限制输出（Out）得出。k_c 与 Excess 相乘限制累积的积分部分（Sum）。

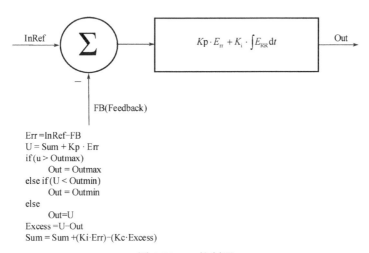

Err = InRef–FB
U = Sum + Kp · Err
if(u > Outmax)
　　　Out = Outmax
else if(U < Outmin)
　　　Out = Outmin
else
　　　Out=U
Excess =U–Out
Sum = Sum +(Ki·Err)–(Kc·Excess)

图 8-28　PI 控制器

6）PMSM 的位置检测

光电编码器是一种通过光电转换将输出轴上的机械几何位移量转换成脉冲或数字量的传感器，它具有体积小、精度高、工作可靠等特点，常用于永磁同步电机的矢量控制。

获取确切的转子位置对 FOC 正常工作至关重要。增量式光电编码器提供两个彼此正交的脉冲串。一些编码器具有索引脉冲，这有助于在空间上明确转子的确切位置。若脉冲串 A 超前脉冲串 B，则电机将沿一个方向旋转；若脉冲串 B 超前脉冲串 A，则电机将沿相反方向旋转。编码器脉冲数越多，位置测量精度就越高。

（1）特定旋转方向的编码器的相位信号和索引脉冲如图 8-29 所示。

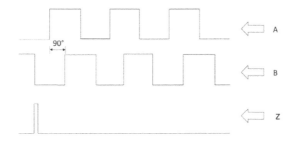

图 8-29　特定旋转方向的编码器的相位信号和索引脉冲

（2）相反旋转方向的编码器的相位信号和索引脉冲如图 8-30 所示。

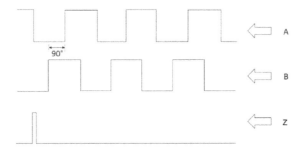

图 8-30　相反旋转方向的编码器的相位信号和索引脉冲

7）选择控制信号及端口属性

和 BLDCM 方波控制不同，PMSM 矢量控制需要 ADC 采集端口采集下桥臂串联电阻的电压以计算电流。需要用到的信号如下。

（1）INU、INV、INW：输出 PWM 波形。

（2）ENU、ENV、ENW：使能 STSPIN830 芯片。

（3）HALL1、HALL2、HALL3：HALL 传感器信号接口。

（4）Curr_fdbk1、Curr_fdbk2、Curr_fdbk3：ADC 采样端口。

（5）电位器采样端口及按钮。

实现 FOC 电机控制需要用到的信号对应的 MCU 引脚及端口属性如表 8-6 所示。

表 8-6　实现 FOC 电机控制需要用到的信号对应的 MCU 引脚及端口属性

需要用到的信号	对应的 MCU 引脚	端 口 属 性
INU	PA8	TIM1_CH1
INV	PA9	TIM1_CH2
INW	PA10	TIM1_CH3
ENU	PB13	GPIO-OUTPUT
ENV	PB14	GPIO-OUTPUT
ENW	PB15	GPIO-OUTPUT
HALL1	PA15	TIM2_CH1
HALL2	PB3	TIM2_CH2
HALL3	PB10	TIM2_CH3
Curr_fdbk1	PA1	ADC1_IN2
Curr_fdbk2	PB1	ADC1_IN12
Curr_fdbk3	PB0	ADC1_IN15
按钮	PC13	GPIO-EXTI3
电位器采样端口	PC2	ADC1_IN8

8）永磁同步电机有感 FOC 快速控制

本部分基于光电编码器进行位置检测，通过 ST Motor Control SDK 配置工程快速实现永磁同步电机的有感 FOC 控制。具体步骤如下。

（1）打开 ST Motor Control SDK 5.4 软件，单击"New Project"按钮，在"Control"栏中选择开发板型号，即"NUCLEO-G431RB"，如图 8-31 所示。

在"Power"栏中选择驱动板型号，即"X-NUCLEO-IHM16M1 3Sh"，如图 8-32 所示。

在"Motor"栏中选择电机型号，即"Shinano LA052-080E3NL1"，如图 8-33 所示。配置完成后单击"OK"按钮，弹出电机参数导入工程的信息提示对话框，如图 8-34 所示。

图 8-31　选择开发板型号

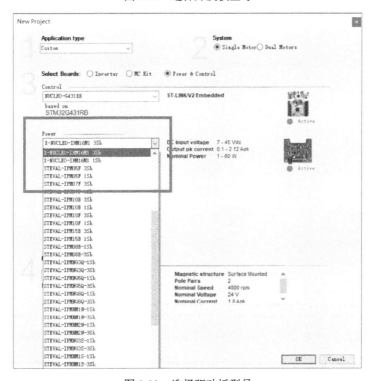

图 8-32　选择驱动板型号

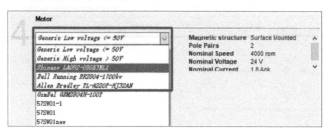

图 8-33　选择电机型号

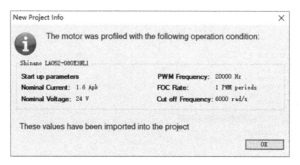

图 8-34　电机参数导入工程的信息提示对话框

（2）生成工程。

新建工程后的 ST Motor Control Workbench 主界面如图 8-35 所示。

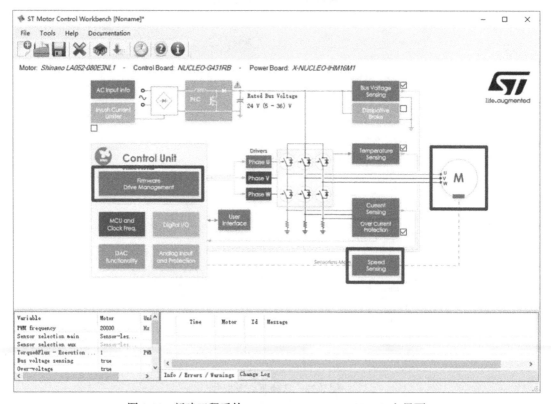

图 8-35　新建工程后的 ST Motor Control Workbench 主界面

单击图 8-35 右侧的"M"按钮，打开电机参数设置界面，如图 8-36 所示。可以看到
Shinano LA052-080E3NL1 永磁同步电机的参数已经自动导入。

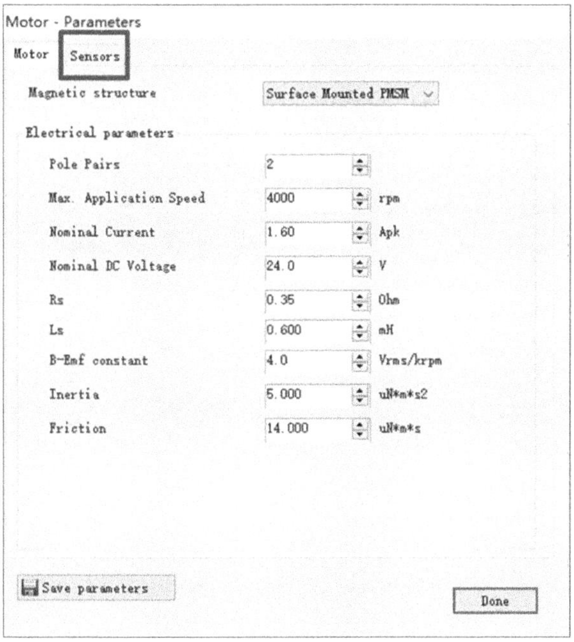

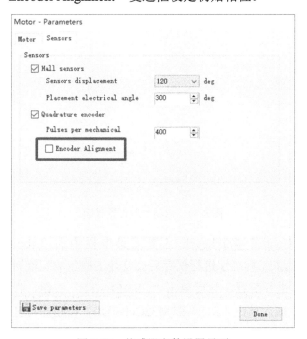

图 8-36　电机参数设置界面

单击图 8-36 中的"Sensors"选项卡，打开传感器参数设置界面，如图 8-37 所示。在第
一次运行时应勾选"Encoder Alignment"复选框设定初始相位。

图 8-37　传感器参数设置界面

设置完成后，单击图 8-35 中的"Speed Sensing"按钮，打开速度位置反馈管理界面，如图 8-38 所示。将"Sensor selection"下拉列表中默认的"Sensor-less(Observer+PLL)"修改为"Quadrature encoder"。

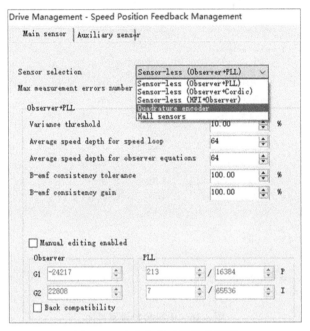

图 8-38　速度位置反馈管理界面

右键单击图 8-35 左侧的"Firmware Drive Management"按钮，在弹出的菜单中选择"Start-up parameters"命令，打开启动参数设置界面，如图 8-39 所示。将"Final current ramp value"的数值修改为 1.6。

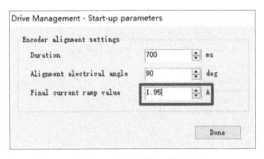

图 8-39　启动参数设置界面

单击 ST Motor Control Workbench 主界面菜单栏中的"Tools"选项卡，再单击"Generation"按钮，输入工程名字进行保存后会打开工程生成配置界面，如图 8-40 所示。根据图 8-40 所示内容进行配置，然后单击"GENERATE"按钮，打开工程生成界面，如图 8-41 所示，工程生成后单击"RUN STM32CubeIDE"按钮即可打开 STM32CubeMX。STM32CubeMX 主界面如图 8-42 所示。

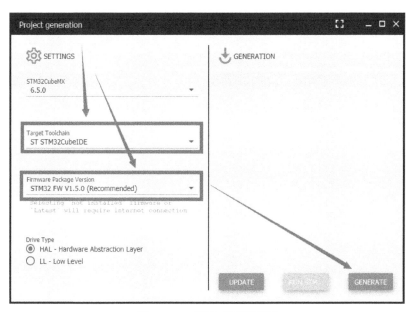

图 8-40　工程生成配置界面

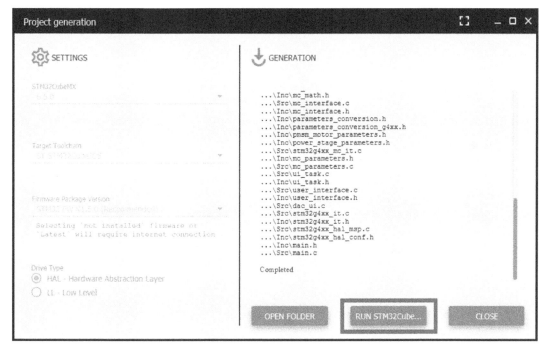

图 8-41　工程生成界面

单击"Project Manager"选项卡，设置 Toolchain/IDE 及版本后单击"GENERATE CODE"按钮，代码生成成功后，弹出代码生成成功的提示对话框，如图 8-43 所示，单击 "Open Project" 按钮，打开 STM32CubeIDE 主界面，如图 8-44 所示。找到 main.c 文件，单击编译按钮，待编译完成后单击运行按钮即可。

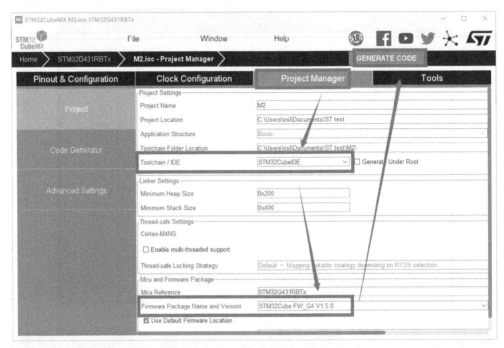

图 8-42　STM32CubeMX 主界面

图 8-43　代码生成成功的提示对话框

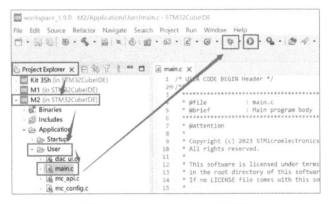

图 8-44　STM32CubeIDE 主界面

　　打开 ST Motor Control Workbench，电机控制监测界面如图 8-45 所示。按图 8-45 所示
步骤连接设备。在"Advanced"选项卡中可以查看调整参数。单击图 8-45 中右侧的"Start
Motor"按钮即可转动电机，在"Monitor"栏中可观测到实时转速。电机连接及运行状态如
图 8-46 所示，按下板上的蓝色按键可以使电机启动或停止。

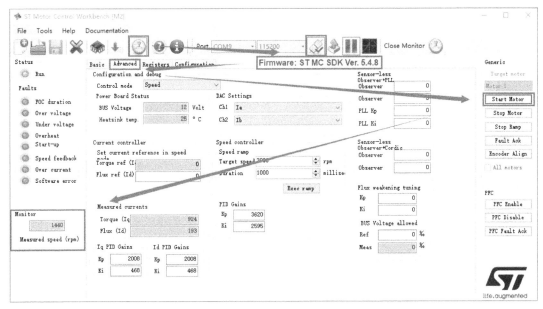

图 8-45　电机控制监测界面

图 8-46　电机连接及运行状态

因为有些电机仅安装了霍尔传感器，没有安装光电编码器，所以后续内容基于霍尔传感器进行位置检测，通过编程实现永磁同步电机在电压开环模式，转速闭环模式和转速、电流双闭环模式下运行。

9）永磁同步电机转速、电流双闭环控制工程配置

步骤一：创建新项目。

在 STM32CubeMX 中有 NUCLEO-G431RB 工程模板，新建一个 STM32CubeMX 工程，芯片型号为 STM32G431RBTX。

（1）打开 STM32CubeMX 软件，单击"ACCESS TO MCU SELECTOR"按钮，新建工程，如图 8-47 所示。

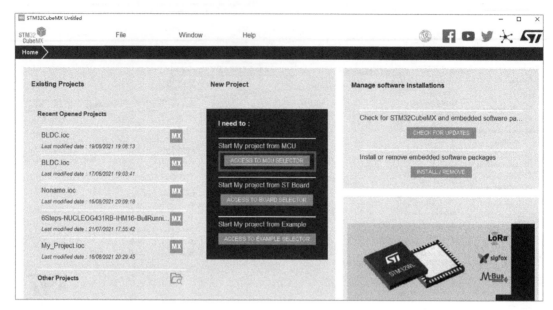

图 8-47　新建工程

（2）在"Board Selector"选项卡下，选择"Commercial Part Number"下拉列表中的"NUCLEO-G431RB"命令，找到 NUCLEO-G431RB 工程模板，如图 8-48 所示，双击"NUCLEO-G431RB"按钮加载模板。

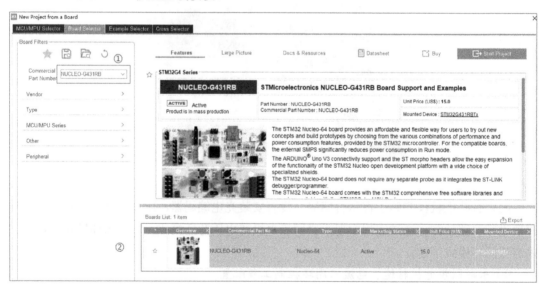

图 8-48　找到 NUCLEO-G431RB 工程模板

步骤二：配置端口。

（1）在工程初始界面（见图 8-49）可以看到 PC13、PA2、PA3 和 PA5 引脚已经配置好了，PA2、PA3 引脚是与电脑通信的串口。RCC 配置如图 8-50 所示，在"High Speed Clock（HSE）"下拉列表中选择"Crystal/Ceramic resonator"。

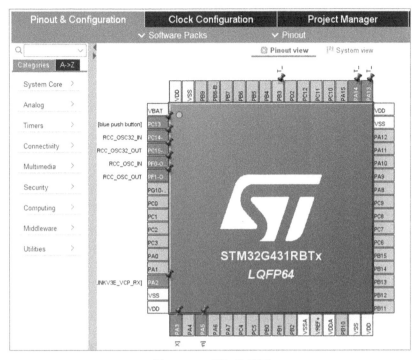

图 8-49　工程初始界面

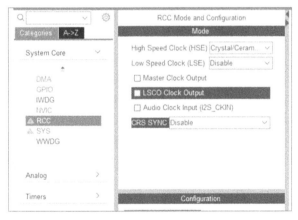

图 8-50　RCC 配置

（2）在本案例中需要使用外部时钟，所以在"Clock Configuration"选项卡中设置外部时钟，如图 8-51 所示。设置如下。

❶号框：外部晶振 24MHz。

❷号框：选择 HSE 通道。

❸号框：调整倍率为 6。

❹号框：选择 PLLCLK。

❺号框：配置为 170MHz。

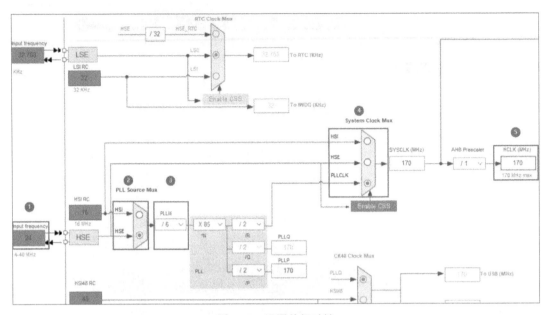

图 8-51　设置外部时钟

（3）对照表 8-6 配置需要使用的端口，如图 8-52 所示。在某个端口处单击鼠标右键选择"Enter User Label"命令可以对该端口进行重命名。

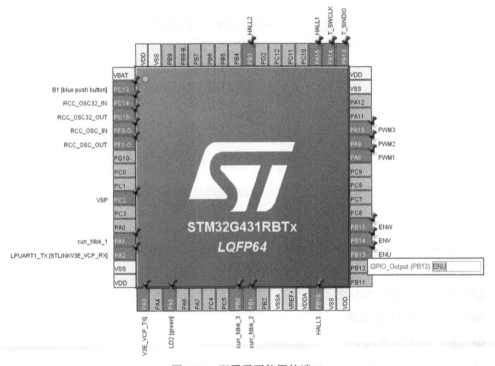

图 8-52　配置需要使用的端口

（4）设置 ADC。

① 将 ADC1_IN2、ADC1_IN12、ADC1_IN15 和 ADC1_IN8 设置为"Single-ended"（单

端输入），如图 8-53 所示。

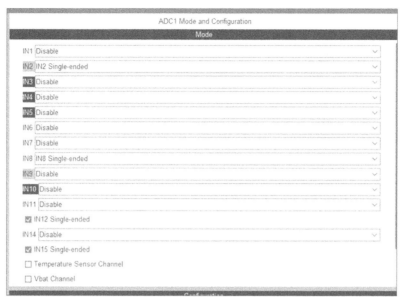

图 8-53　设置 ADC

② 设置 ADC 参数。

设置 ADC 参数如图 8-54 所示。将"Number Of Conversion"设置为 4；将"External Trigger Conversion Source"设置为外部触发定时器 1 事件触发转换；4 个通道顺序为通道 2、通道 12、通道 15、通道 8；采样事件为 6.5 个周期。

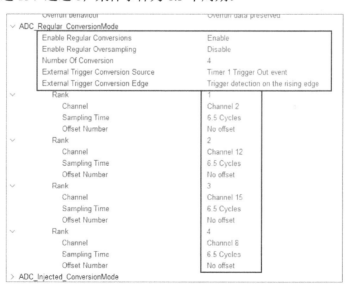

图 8-54　设置 ADC 参数

③ 开启 DMA（直接存储器访问）并使能。

设置 DMA 参数开启 DMA，如图 8-55 所示。"Mode"选择"Circular"（循环模式）；

"Increment Address"选择"Memory"模式;"Data Width"选择"Word"对"Word"(字对字传输)。

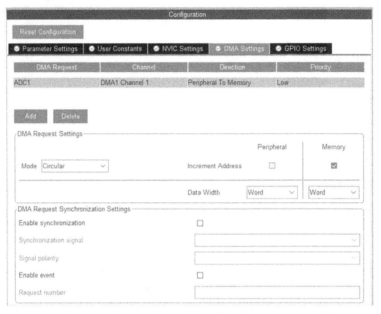

图 8-55　设置 DMA 参数开启 DMA

使能 DMA 如图 8-56 所示。在 ADC 设置中找到"Scan Conversion Mode"和"DMA Continuous Requests"并将其设置为"Enabled"。

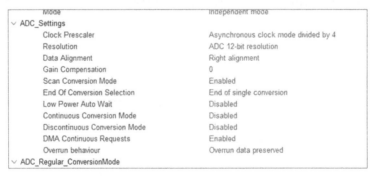

图 8-56　使能 DMA

④ 开启 ADC 中断。

设置 NVIC 参数如图 8-57 所示。在"NVIC Settings"选项卡中勾选"ADC1 and ADC2 global interrupt"后的"Enabled"复选框。

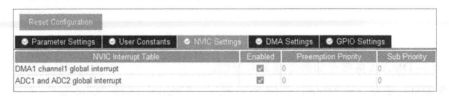

图 8-57　设置 NVIC 参数

（5）设置 PWM 定时器。

① 设置 TIM1 如图 8-58 所示。"Clock Source"选择内部时钟，通道 1～通道 3 均选择 PWM 输出。因为配置定时器 TIM1 的 PWM 输出为中心对称模式，预分频系数为 0，计数周期为 8500，RepetitionCounter 为 1，所以中断频率=PWM 频率=170/8500/(1+1)=10kHz。

"Trigger Event Selection TRGO"选择"Update Event"，用于触发 ADC 采样。

图 8-58　设置 TIM1

设置 PWM 生成模式如图 8-59 所示。将 PWM 生成模式改为模式 2，当计数器的值大于比较捕获寄存器的值时输出有效电平。

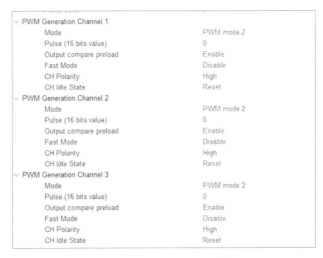

图 8-59　设置 PWM 生成模式

② 设置 TIM2。

设置 TIM2 模式如图 8-60 所示。"Clock Source"选择"Internal Clock"（内部时钟），"Combined Channels"选择"XOR ON / Hall Sensor Mode"（霍尔模式）。在霍尔模式下每次 HALL 信号的变换都会产生中断请求，并在中断程序中计算电机的位置和转速。

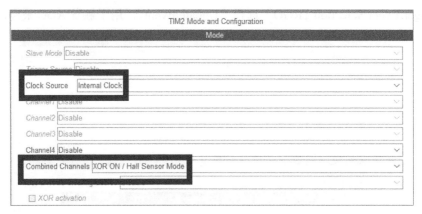

图 8-60　设置 TIM2 模式

设置霍尔传感器参数如图 8-61 所示。在"Parameter Settings"选项卡中将"Hall Sensor"下的"Input Filter"设置为 10。设置 NVIC 如图 8-62 所示。在"NVIC Settings"选项卡中勾选"TIM2 global interrupt"后的"Enabled"复选框（使能定时器中断）。

图 8-61　设置霍尔传感器参数

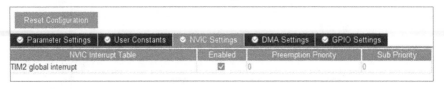

图 8-62　设置 NVIC

（6）设置 CORDIC。

CORDIC 算法即坐标旋转数字计算方法，通过不断进行坐标旋转变换最终得到近似计算结果。CORDIC 算法主要用于三角函数、双曲线、指数、对数的计算。该算法将基本的加和移位运算代替乘法运算，使得矢量的旋转和定向的计算不再需要三角函数、乘法、开方、反三角、指数等函数。设置 CORDIC 的模式如图 8-63 所示，勾选"Activated"复选框。

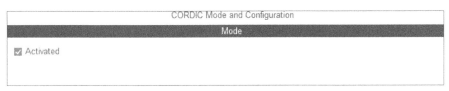

图 8-63　设置 CORDIC 的模式

（7）设置 NVIC Interrupt。

设置 NVIC Interrupt 如图 8-64 所示，在"NVIC Interrupt Table"选项卡中，勾选"EXTI line[15:10] interrupts"后的"Enabled"复选框，使能按键中断。

NVIC Interrupt Table	Enabled	Preemption Priority	Sub Priority
Non maskable interrupt	✓	0	0
Hard fault interrupt	✓	0	0
Memory management fault	✓	0	0
Prefetch fault, memory access fault	✓	0	0
Undefined instruction or illegal state	✓	0	0
System service call via SWI instruction	✓	0	0
Debug monitor	✓	0	0
Pendable request for system service	✓	0	0
Time base: System tick timer	✓	0	0
PVD/PVM1/PVM2/PVM3/PVM4 interrupts through EXTI lines 16/38/39/40/41	☐	0	0
Flash global interrupt	☐	0	0
RCC global interrupt	☐	0	0
DMA1 channel1 global interrupt	✓	0	0
ADC1 and ADC2 global interrupt	✓	0	0
TIM1 break interrupt and TIM15 global interrupt	☐	0	0
TIM1 update interrupt and TIM16 global interrupt	☐	0	0
TIM1 trigger and commutation interrupts and TIM17 global interrupt	☐	0	0
TIM1 capture compare interrupt	☐	0	0
TIM2 global interrupt	✓	0	0
EXTI line[15:10] interrupts	✓	0	0
FPU global interrupt	☐	0	0
LPUART1 global interrupt	☐	0	0
CORDIC interrupt	☐	0	0

图 8-64　设置 NVIC Interrupt

步骤三：生成工程代码。

设置工程参数如图 8-65 所示。在"Code Generator"栏中勾选"Generate peripheral initialization as a pair of '.c/.h' files per peripheral"复选框。

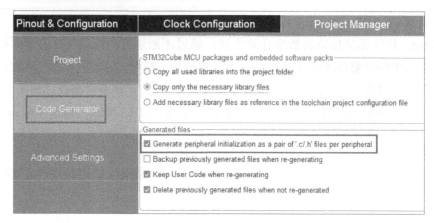

图 8-65　设置工程参数

生成工程代码如图 8-66 所示。在"Project"栏中，"Application Structure"选择"Basic"，"Toolchain / IDE"选择"MDK-ARM"，"Min Version"选择"V5.27"或以上版本。

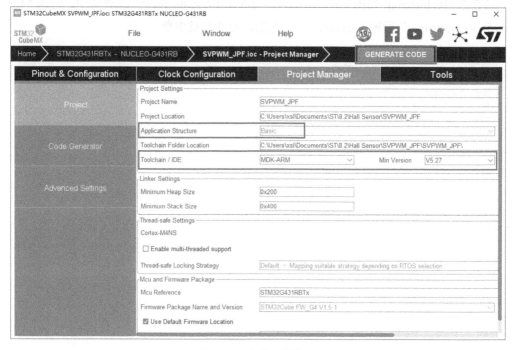

图 8-66　生成工程代码

10）永磁同步电机转速、电流双闭环控制软件设计

打开生成的 Keil 程序，根据控制原理进行编程。

（1）单击左上角"File"选项卡，新建 motordrive.c 和 motordrive.h 文件，并将其分别保存到 Src 和 Inc 文件夹中。在 Keil 软件左边的"Project"窗格中右击"Application/User"文件夹，在弹出的菜单中选择"Manage Project Items..."命令，如图 8-67 所示。打开项目管理界面，将 motordrive.c 文件添加到 Application/User 文件夹中，如图 8-68 所示。

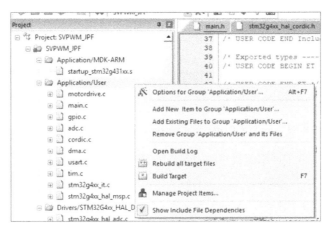

图 8-67　选择"Manage Project Items..."命令

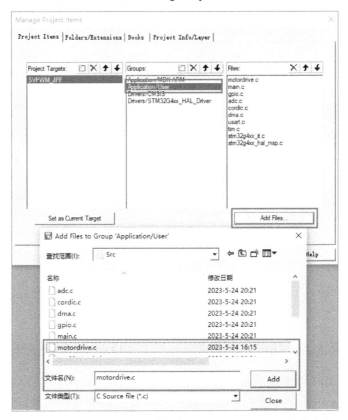

图 8-68　将 motordrive.c 文件添加到 Application/User 文件夹中

（2）在 motordrive.c 和 motordrive.h 文件中添加电机控制需要用的坐标变换及 SVPWM 控制程序等。

① CORDIC 算法通过角度计算正弦余弦值。

在 motordrive.c 文件中编写 void CORDIC_SinCos(float theta, float* sincos)函数代码，如图 8-69 所示。

```
motordrive.c*
1   #include "motordrive.h"
2
3   extern CORDIC_HandleTypeDef hcordic;
4
5   //CORDIC计算角度对应的正余弦值
6   void CORDIC_SinCos(float theta, float* sincos)
7 ⊟{
8       hcordic.Instance->WDATA = theta * Theta_turn_point_number;
9       sincos[0] = (int32_t)(hcordic.Instance->RDATA)/Theta_turn_point_number_float;
10      sincos[1] = (int32_t)(hcordic.Instance->RDATA)/Theta_turn_point_number_float;
11  }
12
```

图 8-69　void CORDIC_SinCos(float theta, float* sincos)函数代码

在 motordrive.h 文件中声明函数并添加需要用的变量。添加的变量代码（1）如图 8-70 所示。

```
motordrive.h
1 ⊟#ifndef _MotorDrive_H
2   #define _MotorDrive_H
3   #include "main.h"
4
5   void CORDIC_SinCos(float theta, float* sincos);
6
7   void CLARK(float* Iin,float* Iout);
8   void CLARK(float* Iin,float* Iout);
9
10  void PARK(float* Iin,float* Iout,float* sincos_value);
11  void D_PARK(float* Uin,float* Uout,float* sincos_value);
12
13  void svpwm(float* U_out);
14
15  #define Theta_turn_point_number        11930464
16  #define Theta_turn_point_number_float  2147483648.0f
17
```

图 8-70　添加的变量代码（1）

② Clark 变换及反 Clark 变换。

根据公式在 motordrive.c 文件中编写 Clark 变换及反 Clark 变换函数。添加的函数代码如图 8-71 所示。

在 motordrive.h 文件中声明函数并添加需要用的变量。添加的变量代码（2）如图 8-72 所示。

```
12
13  //Clark 变换 ia,b——>iα,iβ
14  void CLARK(float* Iin,float* Iout)
15 ⊟{
16      Iout[0] = Iin[0];
17      Iout[1] = Sqrt3_1_3 * Iin[0] + Sqrt3_2_3 * Iin[1];
18  }
19
20  //Clark反变换
21  void D_CLARK(float* Iin,float* Iout)
22 ⊟{
23      Iout[0] = Iin[0];
24      Iout[1] = -0.5f * Iin[0] + Sqrt3_3_2 * Iin[1];
25  }
26
```

图 8-71　添加的函数代码

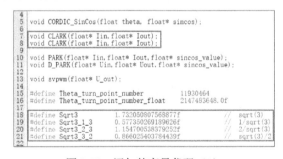

```
4
5   void CORDIC_SinCos(float theta, float* sincos);
6
7   void CLARK(float* Iin,float* Iout);
8   void CLARK(float* Iin,float* Iout);
9
10  void PARK(float* Iin,float* Iout,float* sincos_value);
11  void D_PARK(float* Uin,float* Uout,float* sincos_value);
12
13  void svpwm(float* U_out);
14
15  #define Theta_turn_point_number        11930464
16  #define Theta_turn_point_number_float  2147483648.0f
17
18  #define Sqrt3      1.732050807568877f     // sqrt(3)
19  #define Sqrt3_1_3  0.577350269189626f     // 1/sqrt(3)
20  #define Sqrt3_2_3  1.154700538379252f     // 2/sqrt(3)
21  #define Sqrt3_3_2  0.866025403784439f     // sqrt(3)/2
22
```

图 8-72　添加的变量代码（2）

③ Park 变换及反 Park 变换。

根据公式在 motordrive.c 文件中编写 Park 变换及反 Park 变换函数。添加的函数代码如图 8-73 所示。

```
27
28  //Park变换 iα,iβ,θ——>iq,id
29  void PARK(float* Iin,float* Iout,float* sincos_value)
30 ⊟{
31      Iout[0] =  sincos_value[1] * Iin[0] + sincos_value[0] * Iin[1];
32      Iout[1] = -sincos_value[0] * Iin[0] + sincos_value[1] * Iin[1];
33  }
34
35  //Park反变换 Ud,Uq,θ——>Uα,Uβ
36  void D_PARK(float* Uin,float* Uout,float* sincos_value)
37 ⊟{
38      Uout[0] = sincos_value[1] * Uin[0] - sincos_value[0] * Uin[1];
39      Uout[1] = sincos_value[0] * Uin[0] + sincos_value[1] * Uin[1];
40  }
41
```

图 8-73　添加的函数代码

在 motordrive.h 文件中声明函数。声明函数的代码如图 8-74 所示。

```
5   void CORDIC_SinCos(float theta, float* sincos);
6
7   void CLARK(float* Iin, float* Iout);
8   void CLARK(float* Iin, float* Iout);
9
10  void PARK(float* Iin, float* Iout, float* sincos_value);
11  void D_PARK(float* Uin, float* Uout, float* sincos_value);
12
```

图 8-74　声明函数的代码

④ SVPWM 程序。

在 motordrive.c 文件中编写 SVPWM 程序。

SVPWM 函数代码如图 8-75 所示。

```
41  //svpwm功能
42  void svpwm(float* U_out)
43  {
44    float ua,ub,uc;
45    float X,Y,Z;
46    float T1,T2,Ta,Tb,Tc;
47    uint16_t N;
48    //计算三相电压
49    ua = U_out[1];
50    ub = Sqrt3_3_2 * U_out[0] - 0.5f * U_out[1];
51    uc = - Sqrt3_3_2 * U_out[0] - 0.5f * U_out[1];
52    //扇区判断
53    N = ((ua>0)) + ((ub>0)<<1) + ((uc>0)<<2);
54    //矢量作用时间计算
55    X=Sqrt3 * U_out[1] /24;
56    Y=(1.5f * U_out[0] + Sqrt3_3_2 * U_out[1])/24;
57    Z=(-1.5f * U_out[0] + Sqrt3_3_2 * U_out[1])/24;
58    //根据扇区设置周期
59    switch (N)
60    {
61      case 1:T1=Z;   T2=Y;  break;
62      case 2:T1=Y;   T2=-X; break;
63      case 3:T1=-Z;  T2=X;  break;
64      case 4:T1=-X;  T2=Z;  break;
65      case 5:T1=X;   T2=-Y; break;
66      case 6:T1=-Y;  T2=-Z; break;
67      default:break;
68    }
69    //饱和判断
70    if((T1+T2)>1)
71    {
72      T1=T1*1/(T1+T2);
73      T2=1-T1;
74    }
75    //三相PWM脉冲前沿时间计算
76    Ta=0.25f * (1-T1-T2);
77    Tb=Ta + 0.5f * T1;
78    Tc=Tb + 0.5f * T2;
79
80    //根据扇区与前沿时间设置PWM占空比
81    switch (N)
82    {
83      case 0 :
84      TIM1->CCR1 = TIM1_Period_4;   TIM1->CCR2 = TIM1_Period_4;   TIM1->CCR3 = TIM1_Period_4;   break;
85      case 1:
86      TIM1->CCR1 = Tb * TIM1_Period; TIM1->CCR2 = Ta * TIM1_Period; TIM1->CCR3 = Tc * TIM1_Period; break;
87      case 2:
88      TIM1->CCR1 = Ta * TIM1_Period; TIM1->CCR2 = Tc * TIM1_Period; TIM1->CCR3 = Tb * TIM1_Period; break;
89      case 3:
90      TIM1->CCR1 = Tc * TIM1_Period; TIM1->CCR2 = Tb * TIM1_Period; TIM1->CCR3 = Ta * TIM1_Period; break;
91      case 4:
92      TIM1->CCR1 = Tc * TIM1_Period; TIM1->CCR2 = Tb * TIM1_Period; TIM1->CCR3 = Ta * TIM1_Period; break;
93      case 5:
94      TIM1->CCR1 = Tc * TIM1_Period; TIM1->CCR2 = Tb * TIM1_Period; TIM1->CCR3 = Ta * TIM1_Period; break;
95      case 6:
96      TIM1->CCR1 = Tb * TIM1_Period; TIM1->CCR2 = Tc * TIM1_Period; TIM1->CCR3 = Ta * TIM1_Period; break;
97      default:break;
98    }
99  }
```

图 8-75　SVPWM 函数代码

在 motordrive.h 文件中声明函数并添加需要用的变量。添加的变量代码（3）如图 8-76 所示。

```
12
13  void svpwm(float* U_out);
14
15  #define Theta_turn_point_number          11930464
16  #define Theta_turn_point_number_float     2147483648.0f
17
18  #define Sqrt3         1.732050807568877f          sqrt(3)
19  #define Sqrt3_1_3     0.577350269189626f          1/sqrt(3)
20  #define Sqrt3_2_3     1.154700538379252f          2/sqrt(3)
21  #define Sqrt3_3_2     0.866025403784439f          sqrt(3)/2
22
23  #define TIM1_Period    17000;               //一个pwm周期计数量
24  #define TIM1_Period_4  0.25*TIM1_Period     //输出电压为零时的CCR1,CCR2,CCR3的值
25
```

图 8-76　添加的变量代码（3）

（3）在 main.c 文件中编写电机启停函数并配置 CORDIC 功能。

① 编写电机启停函数、添加所需变量并在 main.h 文件中声明函数。

在 main.c 文件中编写电机启停函数的代码，如图 8-77 所示。

在 main.c 文件中添加需要用的变量，变量代码如图 8-78 所示。

```
189   /* USER CODE BEGIN 4 */
190
191   void PWM_Start(void)
192   {
193     HAL_TIM_PWM_Start(&htim1,TIM_CHANNEL_1);
194     HAL_TIM_PWM_Start(&htim1,TIM_CHANNEL_2);
195     HAL_TIM_PWM_Start(&htim1,TIM_CHANNEL_3);
196   }
197   void PWM_Stop(void)
198   {
199     HAL_TIM_PWM_Stop(&htim1,TIM_CHANNEL_1);
200     HAL_TIM_PWM_Stop(&htim1,TIM_CHANNEL_2);
201     HAL_TIM_PWM_Stop(&htim1,TIM_CHANNEL_3);
202   }
203
204   /* USER CODE END 4 */
```

图 8-77　电机启停函数的代码

```
59    /* Private user code ----------
60    /* USER CODE BEGIN 0 */
61
62    extern uint32_t adcBuf[4];
63    extern CORDIC_HandleTypeDef hcordic;
64    extern uint16_t HALL;
65
66    /* USER CODE END 0 */
```

图 8-78　变量代码

在 main.h 文件中添加声明函数代码，如图 8-79 所示。

```
101   /* USER CODE BEGIN Private defines */
102   void PWM_Start(void);
103   void PWM_Stop(void);
104   /* USER CODE END Private defines */
105
```

图 8-79　声明函数代码

② 配置 CORDIC 并开启 TIM 和使能。

在 main.c 文件中添加配置 CORDIC 的代码，CORDIC 配置及使能代码如图 8-80 所示。

```
103       /* USER CODE BEGIN 2 */
104
105       CORDIC_ConfigTypeDef sConfig;
106       sConfig.Function = CORDIC_FUNCTION_SINE;
107       sConfig.InSize = CORDIC_INSIZE_32BITS;
108       sConfig.NbRead = CORDIC_NBREAD_2;
109       sConfig.NbWrite =CORDIC_NBWRITE_1;
110       sConfig.OutSize = CORDIC_OUTSIZE_32BITS;
111       sConfig.Precision = CORDIC_PRECISION_6CYCLES;
112       sConfig.Scale = CORDIC_SCALE_0;
113       HAL_CORDIC_Configure(&hcordic, &sConfig);
114
115       HAL_ADCEx_Calibration_Start(&hadc1, ADC_SINGLE_ENDED);
116       PWM_Start();
117       HAL_ADC_Start_DMA(&hadc1, adcBuf, 4);
118       HAL_TIM_IC_Start_IT(&htim2,TIM_CHANNEL_1);//开启TIM2霍尔捕获
119       HAL_GPIO_WritePin(GPIOB, ENU_Pin,ENV_Pin,ENW_Pin, GPIO_PIN_SET);//使能PWM输出
120       HALL = (HAL_GPIO_ReadPin(HALL1_GPIO_Port,HALL1_Pin))<<1|
121       HAL_GPIO_ReadPin(HALL2_GPIO_Port,HALL2_Pin)<<2|
122       HAL_GPIO_ReadPin(HALL3_GPIO_Port,HALL3_Pin));
123       VREFBUF->CSR = 0x21;              //参考电压为2.9
124
125       /* USER CODE END 2 */
```

图 8-80　CORDIC 配置及使能代码

（4）在 stm32g4xx_it.c 文件中实现电机 FOC 控制。

① 在 stm32g4xx_it.c 文件中添加 motordrive.h 文件，用于使用电机控制函数。引用头文件的代码如图 8-81 所示。

```
21    /* Includes ----------
22    #include "main.h"
23    #include "stm32g4xx_it.h"
24    /* Private includes ----------
25    /* USER CODE BEGIN Includes */
26    #include "motordrive.h"
27    /* USER CODE END Includes */
28
```

图 8-81　引用头文件的代码

② 编写中断回调函数并添加变量。

通过按钮来改变电机的运行模式。电机的运行模式分为电压开环，转速闭环和转速、电流双闭环 3 种。

在 stm32g4xx_it.c 文件中添加电机运行模式的代码，如图 8-82 所示。

```
44    /* Private variables --------------------
45    /* USER CODE BEGIN PV */
46
47    uint8_t Key_Flag = 0;            //按键标志位
48    uint16_t speed_detection=0;      //电机零速检测
49    uint16_t code_time = 0;          //闭环时间检测
50    uint16_t T;
310   /* USER CODE BEGIN 1 */
311
312   //中断回调函数
313   void HAL_GPIO_EXTI_Callback(uint16_t GPIO_Pin)
314   {
315     if(GPIO_Pin == B1_Pin)
316     {
317       Key_Flag++;
318       if(Key_Flag==3)
319       {
320         PWM_Stop();
321         Key_Flag=0;
322         HAL_TIM_IC_Stop_IT(&htim2,TIM_CHANNEL_1);//关闭TIM2霍尔捕获
323         HAL_GPIO_WritePin(GPIOB, ENU_Pin|ENV_Pin|ENW_Pin, GPIO_PIN_RESET);//关闭使能
324       }
325     }
326   }
327
```

图 8-82　电机运行模式的代码

③ 在 stm32g4xx_it.h 文件中添加电机参数和需要使用的变量。电机参数和变量定义的代码如图 8-83 所示。

```
39    /* Exported constants -----------------------------------------*/
40    /* USER CODE BEGIN EC */
41    #define HCLK               170000000.0f          //主频频率
42    #define FREQ               10000.0f              //中断频率
43    #define Ts                 1/FREQ                //中断频率
44    #define LS                 2.1E-4f               //电感
45    #define RS                 0.39f                 //电阻
46    #define Ke                 5.11f                 //反电势系数
47    #define J                  4.85E-6f              //转动惯量
48    #define POLE_PAIRS         2.0f                  //极对数
49    #define K_n2f              360.0f*POLE_PAIRS/60  //转速-电角度速
50    #define K_SPEED            HCLK/(6*POLE_PAIRS)*60  Speed_rel = K_SPEED/TIM2->CCR1
51    #define PHI                60/(2*PI)/POLE_PAIRS/1000/Ke  //反电势系数求磁链
52    #define SPEED_TEST_CNT_MAX 2000                  //零速检测计数值
53    #define ADC_RESOLUTION     4096.0f               //12位分辨率为2^12
54    #define K_adc              712.092F              //电流采样系数
55                               // 0.33*(2.2/(0.68-2.2))*((2.2+2.2)/2.2)*2.9*4096
56    #define offset             2201                  //电流采样偏置  3.3*0.68/2.88*2/2.9*4096
57    #define VOLTAGE_LIMIT      12.0f                 //相电压限幅值
58    #define CURRENT_LIMIT      1.6f                  //相电流限幅值
59    #define PI                 3.14159f              //pi
60
61    /* USER CODE END EC */
```

图 8-83　电机参数和变量定义的代码

④ 编写 HALL 获取回调函数、判断电机位置并计算转速。

本节采用霍尔传感器获取转子位置，根据霍尔信号跳变时间间隔计算转速，转速的计算公式为

$$\frac{60 \cdot 170}{6 \cdot P \cdot cnt} \tag{8-2}$$

在 stm32g4xx_it.c 文件中添加需要用到的变量。HALL 获取回调函数变量定义的代码如图 8-84 所示。

在 stm32g4xx_it.c 文件中添加判断电机位置和计算转速的代码，如图 8-85 所示。

```
51
52   //位置相关变量
53   uint16_t HALL;
54   float theta;
55   float theta_base;
56   float theta_inc;
57   float time_theta_inc;
58
59   //转速环、电流环变量
60   float Speed_rel;
61   float speed_ref;
62   float iq_ref;
63   float id_ref;
64
65   float ek_s,ek_s_open;
66   float Ki_s=3.8E-7F, Ki_s_open=1.0E-6f;
67   float Kp_s=0.6E-4F, Kp_s_open=1.0E-3f;
68   float sum_eki_s,sum_eki_s_open;
69   float uk_s,uk_s_open;
70
71   float ek_iq;
72   float Ki_iq=0.2F;
73   float Kp_iq=1.0F;
74   float sum_eki_iq;
75   float uk_iq;
76
77   float ek_id;
78   float Ki_id=0.2F;
79   float Kp_id=1.0F;
80   float sum_eki_id;
81   float uk_id;
82
```

图 8-84   HALL 获取回调函数变量定义的代码

```
328  //TIM2 HALL获取回调函数  判断电机位置扇区 计算转速
329  void HAL_TIM_IC_CaptureCallback(TIM_HandleTypeDef *htim)
330  {
331      speed_detection = 0;
332      theta_inc = 0;
333
334      HALL = (HAL_GPIO_ReadPin(HALL1_GPIO_Port,HALL1_Pin)<<2|
335      HAL_GPIO_ReadPin(HALL2_GPIO_Port,HALL2_Pin)<<1|
336      HAL_GPIO_ReadPin(HALL3_GPIO_Port,HALL3_Pin));
337
338      switch(HALL)
339      {
340      case 1:Speed_rel = K_SPEED/TIM2->CCR1; theta_base = 210;break;
341      case 2:Speed_rel = K_SPEED/TIM2->CCR1; theta_base = 90;break;
342      case 3:Speed_rel = K_SPEED/TIM2->CCR1; theta_base = 150;break;
343      case 4:Speed_rel = K_SPEED/TIM2->CCR1; theta_base = 330;break;
344      case 5:Speed_rel = K_SPEED/TIM2->CCR1; theta_base = 270;break;
345      case 6:Speed_rel = K_SPEED/TIM2->CCR1; theta_base = 30;break;
346      default:break;
347      }
348  }
```

图 8-85   判断电机位置和计算转速的代码

⑤ 编写 ADC 回调函数。

根据 PMSM 有传感器 FOC 控制过程和流程图编写程序。首先进行零速检测，由所在扇区速度、时间计算电机位置角度。然后根据计算的位置角度计算其正余弦，用于 Park 变换，再根据 ADC 采样值计算三相电流（实际上只有两相有数值）。最后根据前面计算的数据进行 Clark 变换和 Park 变换，得到控制过程中需要的数值（控制框图如图 8-25 所示）。

在 stm32g4xx_it.c 文件中添加需要用到的变量，变量定义代码如图 8-86 所示。

在 stm32g4xx_it.c 文件中添加 ADC 回调函数代码，如图 8-87 所示。

```
83   float sincos_value[2];
84   //x2s: 静止alpha、beta两相值, x3s:静止ABC3相值, x2r:旋转dq两相值
85   float i2s[2],i3s[2],i2r[2];
86   float u2s[2],u3s[2],u2r[2];
87   uint32_t adcBuf[4];
88
89   int32_t i_rel[3];
90
91   //三相电流采样偏置
92   uint32_t offsetA = offset;
93   uint32_t offsetB = offset;
94   uint32_t offsetC = offset;
```

图 8-86   变量定义代码

```
354  //ADC回调函数
355  void HAL_ADC_ConvCpltCallback(ADC_HandleTypeDef* hadc)
356  {
357      //零速检测
358      SysTick->VAL = 169999;
359      speed_detection++;
360      if(speed_detection>SPEED_TEST_CNT_MAX)
361      {
362          Speed_rel = 0;
363          speed_detection = 0;
364      }
365
366      //估算电机位置(根据所在扇区)
367      time_theta_inc=(TIM2->CNT) / HCLK;
368      theta_inc=time_theta_inc * Speed_rel * K_n2f;
369      theta = theta_base + theta_inc;
370      while(theta>360)
371      {
372          theta-=360;
373      }
374      while(theta<0)
375      {
376          theta+=360;
377      }
378      //获取位置角度对应的正余弦值,用于Park变换
379      CORDIC_SinCos(theta, sincos_value);
380
381      //计算三相电流
382
383      i_rel[0] = -adcBuf[0] + offsetA;
384      i_rel[1] = -adcBuf[1] + offsetB;
385      i_rel[2] = -adcBuf[2] + offsetC;
386      //K_adc系数计算
387      i3s[0] = i_rel[0]/K_adc;
388      i3s[1] = i_rel[1]/K_adc;
389      //速度给定
390      speed_ref = adcBuf[3];
391      //计算两相旋转电流 CLARK  PAPK
392      CLARK(i3s, i2s);
393      PARK(i2s,i2r,sincos_value);
394  }
```

图 8-87   ADC 回调函数代码

⑥ 编写三种运行模式的代码。

在 stm32g4xx_it.c 文件中添加三种运行模式的代码，如图 8-88 所示。

```
395    //切换运行状态
396    //0: 电压开环
397    //1: 转速闭环
398    //2: 转速电流双闭环
399    switch(Key_Flag)
400    {
401      case 0:
402      u2r[1]=speed_ref / ADC_RESOLUTION * VOLTAGE_LIMIT;break;
403
404      case 1:
405      ek_s_open = speed_ref  - Speed_rel;
406      sum_eKi_s_open +=Ki_s_open*ek_s_open;
407      if(sum_eKi_s_open>VOLTAGE_LIMIT) sum_eKi_s_open = VOLTAGE_LIMIT;
408      if(sum_eKi_s_open<-VOLTAGE_LIMIT) sum_eKi_s_open = -VOLTAGE_LIMIT;
409      uk_s_open =sum_eKi_s_open + Kp_s_open*ek_s_open;
410      if(uk_s_open>VOLTAGE_LIMIT) uk_s_open = VOLTAGE_LIMIT;
411      if(uk_s_open<-VOLTAGE_LIMIT) uk_s_open = -VOLTAGE_LIMIT;
412      u2r[1] = uk_s_open ;break;
413
414      //d轴电流环, 计算d轴电压给定
415      case 2:
416      ek_id = id_ref - i2r[0];
417      sum_eki_id += Ki_id*ek_id;//采用Id=0控制
418      if(sum_eki_id>VOLTAGE_LIMIT) sum_eki_id = VOLTAGE_LIMIT;
419      if(sum_eki_id<-VOLTAGE_LIMIT) sum_eki_id = -VOLTAGE_LIMIT;
420      uk_id = sum_eki_id + Kp_id*ek_id;
421      if(uk_id>VOLTAGE_LIMIT) uk_id =VOLTAGE_LIMIT;
422      if(uk_id<-0) uk_id = -0;
423      u2r[0] = uk_id;
424
425      //转速环, 计算q轴电流给定
426      ek_s = speed_ref - Speed_rel;
427      sum_eki_s += Ki_s*ek_s;
428      if(sum_eki_s>CURRENT_LIMIT) sum_eki_s = CURRENT_LIMIT;
429      if(sum_eki_s<-CURRENT_LIMIT) sum_eki_s = -CURRENT_LIMIT;
430      uk_s = sum_eki_s + Kp_s*ek_s;
431      if(uk_s>CURRENT_LIMIT) uk_s = CURRENT_LIMIT;
432      if(uk_s<-CURRENT_LIMIT) uk_s = -CURRENT_LIMIT;
433      iq_ref = uk_s;
434
435      //q轴电流环, 计算q轴电压给定
436      ek_iq = iq_ref - i2r[1];
437      sum_eki_iq += Ki_iq*ek_iq;
438      if(sum_eki_iq>VOLTAGE_LIMIT) sum_eki_iq = VOLTAGE_LIMIT;
439      if(sum_eki_iq<-VOLTAGE_LIMIT) sum_eki_iq = -VOLTAGE_LIMIT;
440      uk_iq = sum_eki_iq + Kp_iq*ek_iq;
441      if(uk_iq>VOLTAGE_LIMIT) uk_iq = VOLTAGE_LIMIT;
442      if(uk_iq<-0) uk_iq = -0;
443      u2r[1] = uk_iq;
444
445      default:break;
446    }
```

图 8-88　三种运行模式的代码

⑦ 运行 SVPWM 程序。

在 stm32g4xx_it.c 文件中添加运行 SVPWM 程序的代码，如图 8-89 所示。

```
447
448    //计算所需旋转电压   反Park变换得到静止两相值
449    //输入svpwm模块, 计算定时器捕获比较寄存器值
450    D_PARK(u2r,u2s,sincos_value);
451    svpwm(u2s);
452    code_time = 169999 - SysTick->VAL;//保存中断处理时间
```

图 8-89　运行 SVPWM 程序的代码

⑧ 配置 CCM SRAM 进行加速。

配置 CCM SRAM 如图 8-90 所示。单击图 8-90 左上角方框中的"魔术棒"按钮，在"Linker"选项卡中进行配置。配置完后单击右侧的"Edit..."按钮进入 SVPWM_JPF.sct 文件，更改程序将 CCM SRAM 的地址加入，如图 8-91 所示，大小为 10KB。最后在 HALL 获取回调函数和 ADC 回调函数中间添加加速语句（见图 8-92），实现加速效果。

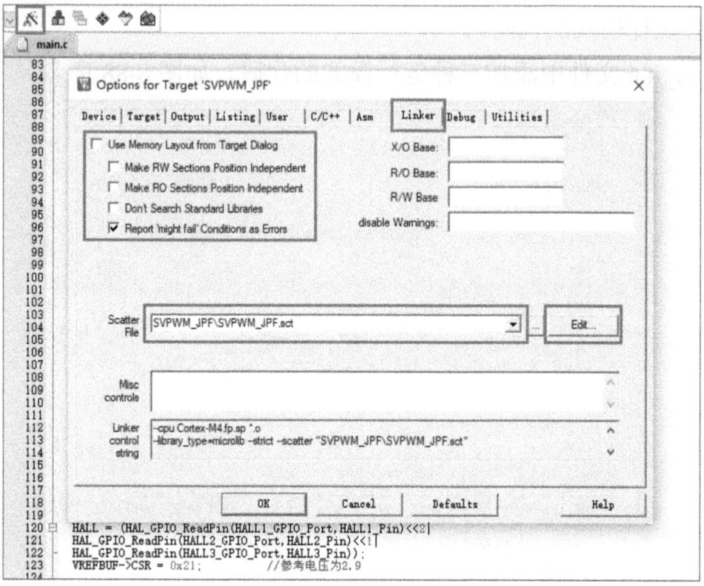

图 8-90　配置 CCM SRAM

```
; *************************************************************
; *** Scatter-Loading Description File generated by uVision ***
; *************************************************************

LR_IROM1 0x08000000 0x00020000  {    ; load region size_region
  ER_IROM1 0x08000000 0x00020000  {  ; load address = execution address
   *.o (RESET, +First)
   *(InRoot$$Sections)
   .ANY (+RO)
;   .ANY (+XO)
  }
  RW_IRAM1 0x20000000 0x00008000  {  ; RW data
   .ANY (+RW +ZI)
  }
   ER 0x10000000 0x00002800  {  ; RW data
  .ANY (.ccmram)
  }
}
```

图 8-91　将 CCM SRAM 的地址加入

```
__attribute__((section (".ccmram")))//加速函数
```

图 8-92　添加加速语句

（5）烧录程序。

程序烧录界面如图 8-93 所示。单击①框中的“Options for Targets…”按钮，在弹出的对话框中单击“Debug”选项卡，在“Use”下拉列表中选择“ST-Link Debugger”，单击②框中的“Settings”按钮打开配置界面，如图 8-94 所示。添加 Flash 并单击“确定”按钮后，再单击图 8-93 中③框中的“Translate”按钮和④框中的“Download”按钮将程序烧录至单片机中。

11）永磁同步电机转速、电流双闭环控制实验结果

烧录程序后按下复位按键，可看到电机在电压开环模式下运行，按下蓝色按键，电机切换到转速闭环模式，再按一下蓝色按键，电机切换到转速、电流双闭环模式。在三个模式下均可通过调节旋钮来调节电机转速，同时通过 STM Studio 可观测电机速度。

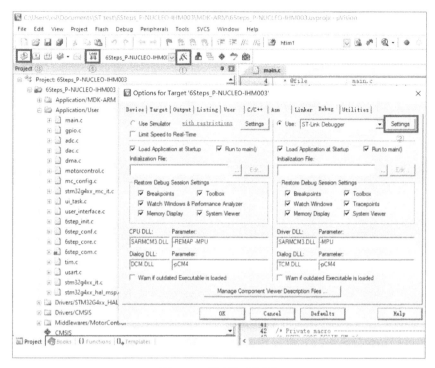

图 8-93　程序烧录界面

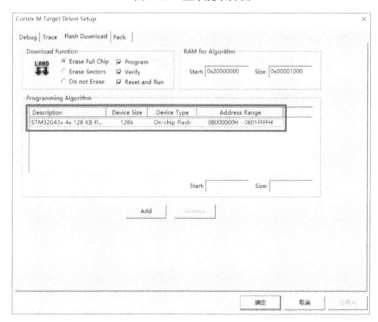

图 8-94　配置界面

例如，在转速、电流双闭环模式下通过调节旋钮观测实验结果，观察电机的速度变化。
STM Studio 变量监测如图 8-95 所示。

与方波控制中的操作相同，在图 8-95 框中的区域单击鼠标右键选择"Import"命令，
选择观测的烧录程序和变量来对电机的速度进行观测。

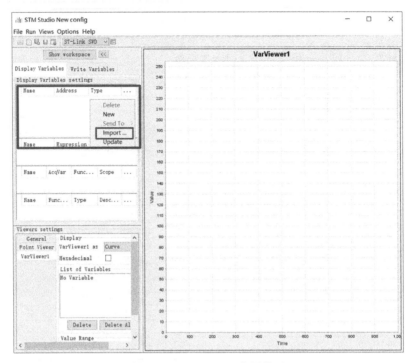

图 8-95　STM Studio 变量监测

　　在弹出的对话框中导入变量，如图 8-96 所示。单击图 8-96 右侧的省略号，打开烧录文件选择对话框，如图 8-97 所示。选择 STM32CubeMX 工程文件下 MDK-ARM 文件中工程名的文件夹的路径，可以看到 .axf 烧录文件，选择之后会出现程序中的变量。

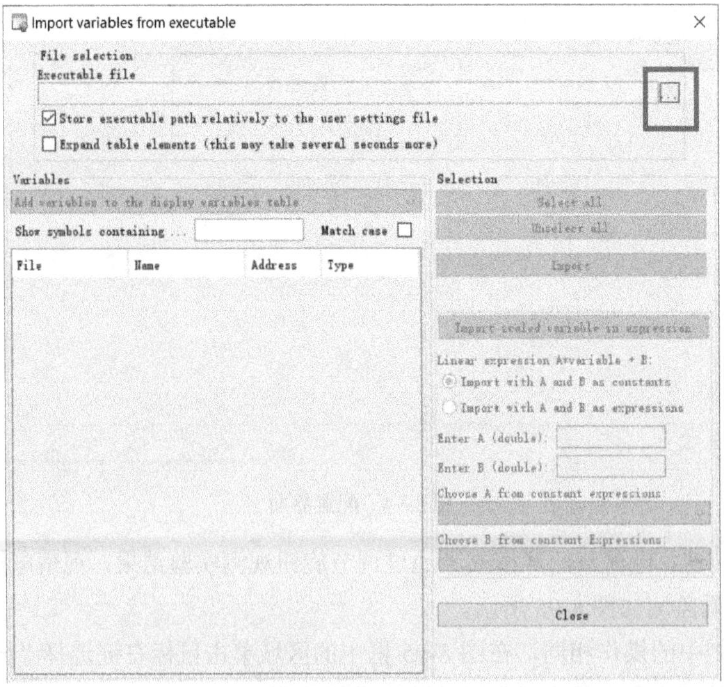

图 8-96　导入变量

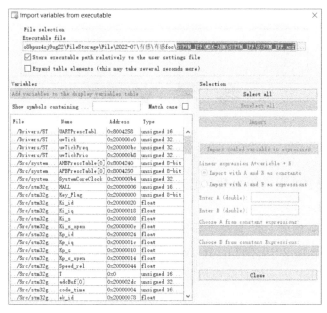

图 8-97　烧录文件选择对话框

　　本次结果需要观测的变量为 speed_ref、Speed_rel，选择变量后单击图 8-97 右侧的"Import"按钮，把该变量加入观察列表。之后将两个变量送到 VarView1 中，右击变量选择"Send to"→"VarView1"命令，单击右上角的"Start Recording Session"绿色按钮。

　　Speed_rel 是电机实际转速，speed_ref 是电机期望转速，电机转速监测如图 8-98 所示。调节旋钮可以看到期望转速 speed_ref 的变化，而 Speed_rel 也会相应地变化为 speed_ref 的值。相应地，也可以看到电机的旋转速度的变化，调速的范围为 0~3000rpm（根据实际的电机情况变化）。

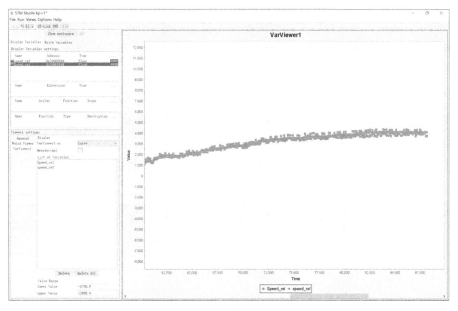

图 8-98　电机转速监测

参 考 文 献

[1] 薛士然. STM32G4 让你开发数字电源更加得心应手[J]. 单片机与嵌入式系统应用，2019（08）：91.

[2] 单祥茹. 从 F3 升级到 G4，意法半导体 STM32 锁定下一代数字电源应用[J]. 中国电子商情（基础电子），2019（07）：16-18.

[3] 赵轩浩. 基于 DSP 的无刷直流电机驱动控制系统设计[D]. 合肥：中国科学技术大学，2020.

[4] 单树清. 基于 STM32 的无刷直流电机控制系统研究[D]. 兰州：兰州交通大学，2021.

[5] 洪俊文. 基于 STM32 的无刷直流电机位置伺服系统的设计[D]. 秦皇岛：燕山大学，2020.

[6] 周帅. 无位置传感器高速无刷直流电机控制策略研究[D]. 长春：吉林大学，2021.

[7] 韩睿. 无刷直流电机无位置传感器控制算法的设计与实现[D]. 南京：东南大学，2020.

[8] 韩佳炜. 基于 STM32 无刷直流电机 DTC 算法研究及控制系统设计[D]. 石家庄：河北科技大学，2020.

[9] 阮毅，杨影，陈伯时. 电力拖动自动控制系统——运动控制系统[M]. 5 版. 北京：机械工业出版社，2016.

[10] 上官致远，张健. 深入理解无刷直流电机矢量控制技术[M]. 北京：科学出版社，2020.

[11] 钱振天. 永磁同步电机的无位置传感器矢量控制设计[D]. 杭州：浙江大学，2019.

[12] 吴亮东. 永磁同步电机的控制方法研究[D]. 长沙：长沙理工大学，2018.

[13] 丁铎. 永磁同步电机矢量控制驱动系统[D]. 长春：长春工业大学，2020.

[14] 袁雷，胡冰新，魏克银，等. 现代永磁同步电机控制原理及 MATLAB 仿真[M]. 北京：北京航天航空大学出版社，2016.

[15] 谢宝昌，任永德. 电机的 DSP 控制技术及其应用[M]. 北京：北京航天航空大学出版社，2005.

[16] 意法半导体（中国）投资有限公司. UM2392：STM32 电机控制 SDK.

附　录

附表 1　术语和缩略语

缩　略　语	术　语
A/D	模数
ADC	模数转换器
API	应用编程接口
CCM	内核耦合存储器
COMPARATOR	比较器
CORDIC	坐标旋转数字计算机
CPU	中央处理器
DAC	数模转换器
DC	直流
DMA	直接存储器访问
DPP	每个控制周期的数字
FOC	磁场向量控制
GUI	图形用户界面
HAL	硬件抽象层
HiRes-PWM	高分辨率脉冲宽度调制
IDE	集成开发环境
MC	电机控制
MCU	微控制器单元
Msps	每秒百万次采样
NTC	负温度系数
NVIC	嵌套向量中断控制器
OPAMP	运算放大器
PGA	可编程增益放大器
PID	比例—积分—微分（控制器）
PLL	锁相环
PM	永磁
PMSM	永磁同步电机
PWM	脉冲宽度调制
RAM	随机存取存储器
RESOLUTION	分辨率
SDK	软件开发套件
SRAM	静态随机存取存储器
SVPWM	空间矢量脉冲宽度调制
DUAL BANK	双区
MAX FLASH	最大闪存
MAX PINOUT	最多引脚
MC WB	ST 电机控制工作站
SINGLE BANK	单区